"应急安全通识"科普系列丛书

建筑施工安全教育

杜桂潭 主编

培训手册

中国建筑工业出版社

图书在版编目（CIP）数据

建筑施工安全教育培训手册 / 杜桂潭主编. —北京：
中国建筑工业出版社，2024.5
（"应急安全通识"科普系列丛书）
ISBN 978-7-112-29823-5

Ⅰ.①建… Ⅱ.①杜… Ⅲ.①建筑施工—安全技术—
技术培训—手册 Ⅳ.①TU714-62

中国国家版本馆CIP数据核字（2024）第088806号

责任编辑：费海玲　　王晓迪
文字编辑：田　郁
书籍设计：锋尚设计
责任校对：张惠雯

"应急安全通识"科普系列丛书
建筑施工安全教育培训手册
杜桂潭　主编
*
中国建筑工业出版社出版、发行（北京海淀三里河路9号）
各地新华书店、建筑书店经销
北京锋尚制版有限公司制版
北京京华铭诚工贸有限公司印刷
*
开本：787毫米×1092毫米　1/16　印张：14　字数：212千字
2024年5月第一版　　2024年5月第一次印刷
定价：**98.00**元（含增值服务）
ISBN 978-7-112-29823-5
　　（42715）

编委会

序

安全生产事关人民福祉，事关经济社会发展大局。党的十八大以来，习近平总书记高度重视安全生产工作，作出一系列关于安全生产的重要论述，一再强调要统筹发展和安全。2022年10月16日，习近平总书记在党的二十大报告中强调，推进国家安全体系和能力现代化，坚决维护国家安全和社会稳定。报告指出，国家安全是民族复兴的根基，社会稳定是国家强盛的前提。必须坚定不移贯彻总体国家安全观，把维护国家安全贯穿党和国家工作各方面全过程，确保国家安全和社会稳定。提高公共安全治理水平。坚持安全第一、预防为主，建立大安全大应急框架，完善公共安全体系，推动公共安全治理模式向事前预防转型。提高防灾减灾救灾和重大突发公共事件处置保障能力，加强国家区域应急力量建设。

根据《住房和城乡建设部办公厅关于2020年房屋市政工程生产安全事故情况的通报》（建办质〔2021〕17号），2020年，全国共发生房屋市政工程生产安全事故689起、死亡794人，比2019年事故起数减少84起、死亡人数减少110人，分别下降10.87%和12.17%。全国共发生房屋市政工程生产安全较大事故23起、死亡93人，与2019年事故起数持平、死亡人数减少14人，死亡人数下降13.08%；未发生重大及以上事故。全国房屋市政工程生产安全事故按照类型划分，高处坠落事故407起，占总数的59.07%；物体打击事故83起，占总数的12.05%；起重机械伤害事故45起，占总数的6.53%；土方、基坑坍塌事故42起，占总数的6.10%；施工机具伤害事故26起，占总数的3.77%；触电事故22起，占总数的3.19%；其他类型事故64起，占总数的9.29%。全国房屋市政工程生产安全较大事故按照类型划分，起重机械伤害事故7起、占总数的30.43%；模板支架事故4起、占总数的17.39%；高处坠落事故3起、占总数的13.04%；土方、基坑坍塌事故2起、占总数的8.70%；脚手架事故1起、占总数的4.35%；其他类型事故6起，占总数的26.09%。在较大事故方面，建筑起重机械类事故占总数的39.13%，存在违章指挥、违章作业等突出问题；模板支撑体系（脚手架）坍塌类事故占总数的17.39%，安全防护措施缺失、关键岗位人员不履职、强制性标准执行不到位问题突出。

为帮助建筑施工企业的经营管理者和一线施工从业人员了解建设施工过程中涉及的安全知识，掌握安全技能、强化安全意识，减少甚至避免建设工程施工安全事故发生，编者对建筑施工人员需掌握的施工安全基础知识，施工机械操作要点、模板以及脚手架工程施工、土方施工和基坑工程的安全技术规程，高处作业和焊接作业安全要求，现场消防安全，常见事故和突发事件的应急处置等内容进行了梳理，编写成适用于建筑施工一线从业人员的科普书籍。希望本书能有效帮助一线施工从业人员按照自身安全和共同安全高质量发展要求，以防控系统性安全风险为重点，完善和落实安全生产责任和管理制度，建立安全隐患排查和安全预防控制体系，加强源头防范、精准防范，着力解决基础性、源头性问题，加快实现建筑安全生产治理体系和治理能力现代化，全面提升安全发展水平。

本书主要面向建筑施工一线从业人员，文字通俗易懂，图文并茂，便于读者阅读、理解和学习。

2023年2月

编写组

目录

2 第二章
施工人员入场安全　009

3 第三章
施工机械安全操作知识要点　052

4 第四章
土方和基坑工程、模板和脚手架
安装施工安全要点 098

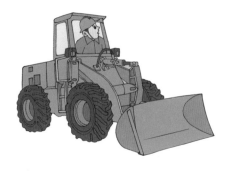

5 第五章
施工现场综合性作业
安全要点

123

6 第六章
施工现场应急管理与急救处置　190

第一章

绪论

　　根据2021年6月10日第十三届全国人民代表大会常务委员会第二十九次会议《关于修改〈中华人民共和国安全生产法〉的决定》，新《中华人民共和国安全生产法》修正后于2021年9月1日起实施。新《中华人民共和国安全生产法》要求安全生产工作应当以人为本，坚持人民至上、生命至上，把保护人民生命安全摆在首位，树牢安全发展理念，坚持安全第一、预防为主、综合治理的方针，从源头上防范化解重大安全风险。安全生产工作实行管行业必须管安全、管业务必须管安全、管生产经营必须管安全，强化和落实生产经营单位主体责任与政府监管责任，建立生产经营单位负责、职工参与、政府监管、行业自律和社会监督的机制。生产经营单位必须遵守该法和其他有关安全生产的法律、法规，加强安全生产管理，建立健全全员安全生产责任制和安全生产规章制度，加大对安全生产资金、物资、技术、人员的投入保障力度，改善安全生产条件，加强安全生产标准化、信息化建设，构建安全风险分级管控和隐患排查治理双重预防机制，健全风险防范化解机制，提高安全生产水平，确保安全生产。

一、安全的产生与发展

1 安全的概述

通常指人没有危险，人类与生存环境和资源和谐相处，互相不伤害，不存在危险的隐患，是免除了不可接受的损害和风险的状态。安全是在人类生产过程中，将系统的运行状态对人类的生命、财产、环境可能产生的损害控制在人类不感觉难受的水平以下的状态。

2 安全的认识阶段

有自发阶段、自觉阶段、认识阶段、认知阶段。总的来说，人们对安全的认识是一个逐步深入和提高的过程，需要不断地学习、实践和探索，生命财产安全才能得到更好的保障。

3 安全的特有属性

就是"没有危险"，包括没有外部的威胁，也没有内部的危险。单是没有外部的威胁，不是安全的特有属性；同样，单是没有内部的危险，也不是安全的特有属性。只有同时处于没有外部威胁和内部危险的状态，才是安全的特有属性。

4 总体国家安全观的关键

"总体"，强调大安全理念。我国当前的总体国家安全观包括政治安全、国土安全、军事安全、经济安全、文化安全、社会安全、科技安全、网络安全、生态安全、资源安全、核安全、海外利益安全以及太空、深海、极地、生物等不断拓展的新型领域安全。

二、安全生产与管理

是指在生产经营活动中，为了避免造成人员伤害和财产损失而采取相应的事故预防和控制措施，使生产过程符合规定，以保证从业人员的人身安全与健康，设备和设施免受损坏，环境免遭破坏，保证生产经营活动顺利进行。

是管理的重要组成部分，是安全科学的一个分支。所谓安全生产管理，就是针对人们生产过程中的安全问题，利用相应的资源，运用智慧，通过努力，进行有关决策、计划、组织和控制等活动，实现生产过程中人与机器设备、物料、环境的和谐，达到安全生产的目标。

三、建筑施工安全

包括基础工程施工、主体结构施工、屋面工程施工、机电设备安装、装饰装修工程施工等。施工作业的场所称为"建筑施工现场"或"施工现场"，也叫工地。

多存在于高处作业、交叉作业、垂直运输以及电气工具设备使用方面。伤亡事故多发生在高处坠落、物体打击、土方和基坑坍塌、机械伤害等方面。

四、安全生产法规与政策

▶纵向效力层级

（1）宪法至上；（2）上位法优先于下位法

▶横向效力层次

（1）特别法优先于一般法；（2）新法优先于旧法

▶需要裁决的特殊情形

（1）全国人大常委会裁决；（2）国务院裁决；（3）有关机关裁决

五、六则与建筑施工相关的安全生产法律法规

《中华人民共和国安全生产法》
详见二维码

《中华人民共和国建筑法》
详见二维码

《建设工程安全生产管理条例》
详见二维码

《特种设备安全监察条例》
详见二维码

《上海市建设工程质量和安全管理条例》
详见二维码

《生产安全事故报告和调查处理条例》
详见二维码

综合练习题

▌判断题

1. 安全是指人类与生存环境资源和谐相处，互相不伤害，不存在危险的隐患，是免除了使人感觉难受的损害和风险的状态。（　　）

2. 安全的特有属性就是不发生事故。（　　）

3. 安全生产管理的目标是减少和控制危害，减少和控制事故，尽量避免生产过程中由事故造成的人身伤害、财产损失、环境污染以及其他损失。（　　）

4. 《中华人民共和国安全生产法》规定生产经营场所和员工宿舍应当设有符合紧急疏散要求、标志明显、畅通的出口。（　　）

5. 生产经营单位与从业人员订立的劳动合同，应当载明有关保障从业人员劳动安全、防止职业危害的事项。（　　）

6. 《中华人民共和国安全生产法》中关于从业人员的安全生产义务主要有四项：遵章守规，服从管理；佩戴和使用劳动防护用品；接受培训，掌握安全生产技能；发现事故隐患及时报告。（　　）

▌选择题

1. 《中华人民共和国安全生产法》第五条规定，生产经营单位的主要负责人对本单位的安全生产工作（　　）。

　　A. 负全面负责　　B. 负全部领导责任　　C. 负领导责任

2. 《中华人民共和国安全生产法》规定，安全生产工作的综合监督管理部门是（　　）。

　　A. 劳动行政部门　　B. 各级人民政府　　C. 安全生产监督管理部门

3. 《中华人民共和国消防法》规定，消防工作方针是（　　）。

　　A. 防火为主、防消结合

　　B. 预防为主、防消结合、专门机关与群众相结合

　　C. 预防为主、防消结合

4.《中华人民共和国安全生产法》规定，生产经营单位的特种作业人员必须按照国家相关规定经专门的安全作业培训，取得特种作业操作证书，方可上岗作业。下列属于特种作业人员的是（　　）。

   A. 电工、焊工、起重机司机

   B. 车工、钳工、模具工

   C. 建造业工人、造船工人

5.《中华人民共和国安全生产法》规定，国家实行生产安全事故责任追究制度，依法追究生产安全事故责任人员的（　　）。

   A. 行政责任　　B. 法律责任　　C. 经济赔偿责任

6.《中华人民共和国职业病防治法》规定，对从事接触职业病危害作业的劳动者，企业应按国务院卫生行政部门的规定组织（　　）。

   A. 上岗前的职业健康检查

   B. 上岗前和在岗期间的职业健康检查

   C. 上岗前、在岗期间和离岗时的职业健康检查

7. 根据《中华人民共和国消防法》的相关规定，同一建筑物由两个以上单位管理或者使用的，应当明确各方的（　　）责任，并确定责任人对共享的疏散通道、安全出口、建筑消防设施和消防车通道进行统一管理。

   A. 消防经费　　B. 消防培训　　C. 消防安全

8.《中华人民共和国安全生产法》规定，生产经营单位采用新工艺、新技术、新材料或者使用新设备时，应对从业人员进行（　　）安全生产教育和培训。

   A. 班组级　　B. 车间级　　C. 专门

9.《中华人民共和国安全生产法》规定，生产、经营、储存、使用危险物品的车间、商店、仓库不得与（　　）在同一座建筑物内，并应与员工宿舍保持安全距离。

   A. 职工食堂　　B. 员工宿舍　　C. 职工俱乐部

10.《中华人民共和国安全生产法》第二十一条规定，生产经营单位必须保证上岗的从业人员经过（　　），否则生产经营单位要承担法律责任。

   A. 安全生产教育　　B. 安全技术培训　　C. 安全生产教育和培训

11.《特种设备安全监察条例》第二十七条规定，特种设备使用单位应当对在用特种设

备进行经常性日常维护保养，并定期检查，自行检查的周期是（　　　）。

    A. 至少每月两次　B. 至少每月一次　C. 至少每两个月一次

12. 下列三种气体，哪一种无色无味但有毒，人们不易察觉其存在？

    A. 氯气　B. 一氧化碳　C. 二氧化硫

13. 松节水具有下列哪一种特性？

    A. 刺激及易爆炸　B. 易燃及有害　C. 腐蚀及助燃

14. 淡绿色气瓶内储存的气体通常是（　　　）。

    A. 乙炔　B. 氧气　C. 氢气

15. 右图是什么提示标志？

    A. 注意安全　B. 当心危险　C. 禁止进入

填空题

1. 我国当前的总体国家安全观包括（　　　）等。

2. 安全特有的属性包括（　　　）。

3. 建筑施工包括（　　　）等。

4. （　　　）具有最高的法律效力，一切法律、行政法规、地方性法规、自治条例和单行条例、规章都不得同（　　　）相抵触。

参考答案

▌判断题

1. √
2. ×
3. √
4. √
5. √
6. √

▌选择题

1. A
2. C
3. C
4. A
5. B
6. C
7. C
8. C
9. B
10. C
11. B
12. B
13. B
14. C
15. A

▌填空题

1. 政治安全、国土安全、军事安全、经济安全、文化安全、社会安全、科技安全、网络安全、生态安全、资源安全、核安全、海外利益安全以及太空、深海、极地、生物等不断拓展的新型领域安全

2. 没有外部的威胁和没有内部的危险

3. 基础工程施工、主体结构施工、屋面工程施工、机电设备安装、装饰装修工程施工

4. 宪法；宪法

2

第二章
施工人员入场安全

　　施工作业人员进入施工现场前应接受入场安全教育，目的是使新入场人员加强安全意识，掌握安全基本知识，提高安全技术水平，掌握建筑施工专业安全知识、员工的权利与义务、劳动防护知识和一般伤害事故的防范知识。

第一节　施工人员入场安全教育

一、入场安全教育

根据《生产经营单位安全培训规定》，加工、制造业等生产单位的从业人员（包括新进的工人、干部、学徒工、临时工、合同工、代培人员和实习人员以及其他从业人员），在上岗前必须经过厂（矿）、车间（工段、区、队）、班组三级安全培训教育。从业人员应按规定接受公司级、项目级、班组级三级安全教育，熟悉有关的安全生产规章制度和安全操作规程，掌握本岗位的安全操作技能和职业危害防护技能、安全风险辨识和管控方法，提高安全生产技术水平，增强事故预防和应急处理的能力，考核合格后方可上岗，并根据实际需要定期接受复训考核。生产经营单位新上岗的从业人员，岗前安全培训时间不得少于 24 学时。煤矿、非煤矿山、危险化学品、烟花爆竹、金属冶炼等生产经营单位新上岗的从业人员安全培训时间不得少于 72 学时，每年接受再培训的时间不得少于 20 学时。

2 所有进入施工现场的工作人员（包括管理人员）必须接受安全教育。

● 进入施工现场前一定要接受"三级安全教育"。

● 岗前培训时间不得少于24学时。

● 金属冶炼、煤矿等危化品生产经营单位新上岗人员培训不得少于72学时，每年再培训时间不得少于20学时。

安全教育培训

 3 安全教育的形式有管理人员主讲授课和观看安全教育影像资料等。

现场施工人员的权利和义务

◎有签订劳动合同、享有工伤保险的权利，也有履行劳务合同、反思事故教训和提高安全生产意识的义务。	◎有接受安全生产教育培训的权利，也有掌握本职工作所必需的安全知识和技能的义务。	◎有获得国家规定的劳动防护用品的权利，也有正确佩戴和使用劳动防护用品的义务。	◎有了解施工现场及工作岗位存在的危险因素、对应的防范措施及其他施工应急措施的权利，也有相互关心、帮助他人了解安全生产状况的义务。	◎有安全生产的建议权和及时撤离危险场所的权利，也有听从他人合理建议和服从现场统一指挥的义务。

 4 施工单位应当为从事危险作业的人员办理意外伤害保险。

5 开始工作前必须进行安全交底。交底完后，交底人、被交底人、专职安全管理员三方必须签字。

安全交底

6 施工现场特种作业人员必须持证上岗。

接受安全交底后要记得签上自己的名字。

7 进入施工现场须正确使用安全防护装置（设施）及个人劳动防护用品。

8 施工现场严禁吸烟。

9 施工过程中，严禁做与工作无关的事。

10 严禁酒后上岗或在施工现场打闹、恶作剧。

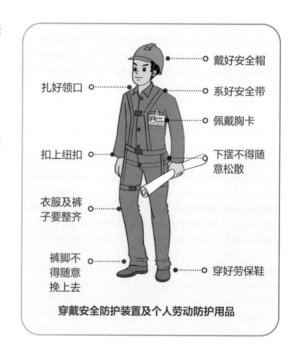

戴好安全帽

扎好领口

系好安全带

佩戴胸卡

下摆不得随意松散

扣上纽扣

衣服及裤子要整齐

裤脚不得随意挽上去

穿好劳保鞋

穿戴安全防护装置及个人劳动防护用品

11 发现事故隐患要及时如实上报，及时解决。看到他人违章操作时必须明确指出并予以纠正。

二、节后复工安全要点

节后复工时段事故多发，一些生产设备停产后重新启动或改变生产节奏容易发生机械故障，部分员工节后思想松懈，安全生产意识弱化，因此很容易发生意外事故。节后复工做好安全生产工作尤为关键，尤其重要。

 节后复工常见危险

1　违章操作

未经许可开动、关停、移动机器，开动、关停机器时未给信号，开关未锁紧，造成意外移动、通电或漏电等，忘记关闭设备，忽视警告标记、警告信号，操作错误（按钮、阀门、扳手、手柄等的操作），奔跑作业等。

2　安全装置失效

安全装置被拆除或堵塞造成失效，错误的调整造成安全装置失效等。

3　使用不安全设备

临时使用不牢固的设施，使用无安全装置的设备。

4　用手代替工具进行操作

用手代替手动工具，用手清除切屑，不用夹具固定、用手拿工件进行机加工。

冒险进入危险场所

5 冒险进入危险场所

未经安全监察人员允许就擅自进入油罐或井中，未"敲帮问顶"就开始作业，在易燃易爆场合制造明火，私自搭乘矿车，在绞车道行走等。

"敲帮问顶"指井下生产作业开始前，用撬棍、钢钎或镐等敲击井巷、工作面顶板及侧帮，根据发出的声响发现浮石、剥层的方法。"敲帮问顶"应由有一定实践经验的人员进行；发现有浮石、剥层后，应站在安全的地方将其撬下。

6 攀、坐不安全位置

在起吊物下作业、停留，机器运转时加油、修理、调整、焊接、清扫等，或有分散注意力的行为。

7 不按规定穿戴劳动防护用品

思想上麻痹大意、盲目自信，未按规定正确佩戴劳动防护用品进行作业。

8 不安全的装束

在有旋转零件的设备旁作业时穿过于肥大的服装，操纵带有旋转部件的设备时戴手套，未将长发盘绕在帽子内等。

不安全的装束

违章操作行为1

 节后复工安全要点

一案　制定复工复产安全生产工作方案，明确工作职责和具体任务，确保有序复工复产。

两签　员工复岗要签到报告，确认人员就位情况；签订安全生产责任书，进一步明确安全生产责任。

 三试
◆试调度　调度是生产经营的核心，调度有序、平稳是安全生产的关键。
◆试设备　在正式使用前，大型设备要试车运行，常用工具设备要空载试用。
◆试防护　防护用品、保障设备等要试用，检验效能。

 四收
四个节后收心法
◆召开安全会议，提出安全工作要求。
◆做安全培训，就岗位安全知识和技能做培训。
◆做安全承诺，组织员工开展安全承诺活动。
◆做安全警示，通过事故案例等开展警示教育。

五查

◆查思想状态，了解员工的思想、情绪，发现异常及时疏解和引导。

◆查培训交底，对上岗前的安全培训情况和技术交底情况进行重点检查。

◆查安全措施，检查各项安全措施的落实情况和整改情况。

◆查安全记录，对各部门、各岗位执行安全工作的记录档案进行检查，把控程序执行。

◆查违章作为，对作业现场各类"三违"（违章指挥、违章作业、违反劳动纪律）行为进行检查和纠正。

六关

关注复工复产的六个高风险点

◎关注节后综合征，防止员工因注意力不集中、思想松懈、情绪不稳定等造成事故。

◎关注新员工，务必要做好安全培训和技术交底，重点对新员工进行检查。

◎关注调整岗位，对一些岗位有变动的人员或是有变动的岗位重点关注和检查。

◎关注设备启用环节，停用设备再次启用时，要做好检查，履行好程序，做好防护。

◎关注检修作业，检修一直是风险高、事故多发的作业，应予以高度关注。

◎关注作业环境，要确保作业环境安全。

七重

节后安全检查的七个重点

◆重点检查配电室。

◆重点检查消防中控室。

◆重点检查有限空间。

◆重点检查仓储场所。

◆重点检查危险化学品。

◆重点检查危险作业场所。

◆重点检查特种设备使用场所。

隐患排查的八个招数

◆ 破：设备或部件只要是破损了，基本可以认定为隐患，如连接软管破损、设备锈蚀等。

◆ 缺：应该有的却没有，可以认定为隐患。

◆ 裸：可以用常识判断出的具有危险性的东西，却暴露在人可以触及的范围内，可以认定为隐患。

◆ 乱：安全生产的实质是一种秩序管理。如果无序、杂乱，必然是隐患。

八招

◆ 挤：安全生产一般都有安全距离要求，一旦出现零距离或是过小距离，一般可以认定为隐患。

◆ 堵：应该畅通而未畅通，可以认定为隐患。

◆ 闪：如果发现一个设备的运行指示灯或者显示器不停地闪动，一般可判定为隐患。

◆ 晃：一般情况下，无论是机械设备、工作平台还是作业辅助工具，都需要较好的稳定性和牢固性。一旦发现不稳定、不牢固的情况，可以认定为隐患。

违章操作行为2

第二节 安全帽和安全带

安全生产的"三宝"分别是安全帽、安全带和安全网，本节主要简述安全帽和安全带的使用。

一、安全帽

安全帽是指对人头部受坠落物或其他特定因素引起的伤害起防护作用的帽子。安全帽由帽壳、帽衬、下颚带及附件等组成。

① 安全帽在使用前必须检查合格证、有效期，检查外观（帽壳、帽衬、箍、后箍、下颚带完好无缺，帽壳表面平整、无裂纹，无灼烧或冲击痕迹，帽衬与帽壳连接牢固，调节器开闭灵活，卡位牢固）、连接部件，手握拳头按压衬垫，人的头顶应与内顶垂直，并保持20~50mm的空间。

② 进入施工现场，必须正确佩戴安全帽，系好下颚带，穿好工作服。

① 双手持帽檐，将安全帽从前到后扣于头顶　　② 调整后箍调节器　　③ 收紧后箍带

④收紧下颚带　⑤低头不下滑　⑥昂头不松动

安全帽佩戴

二、安全带

安全带是高处作业工人预防坠落的个人防护用品，被广大建筑工人誉为"救命带"。安全带由带子、绳子和金属配件组成。高处作业时，必须佩戴安全带。

施工现场常用的安全带有全身式安全带、双肩式安全带。

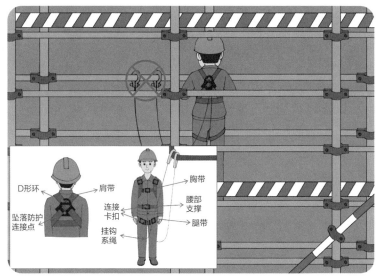

安全带穿戴

2　安全带的正确使用

01 凡在坠落高度基准面2m以上（含2m）有可能坠落的高处作业，都称为高处作业，必须使用安全带。使用时，安全带应挂在牢固的地方，高挂低用，且应防止摆动，避免明火和尖锐边角。在无法直接挂设安全带的地方，应挂设能供安全带钩挂的安全母索、安全栏杆等。

02 安全带严禁擅自接长使用，使用3m及以上的长绳时必须增加缓冲器。安全带严禁打结使用，且应在有效期内使用，发现破损等异常情况时应立即更换并报废。

外观检测，2年以上抽检，发现异常立即更换并报废。

自锁器　限长绳

延长绳

安全带的正确使用

第三节　安全标志

安全标志由安全色、几何图形和图形符号构成，分为禁止标志、警告标志、指令标志、提示标志四类。

一、安全标志的识别

1 禁止标志

- 禁止标志的含义是禁止或限制人们的某些行动。
- 禁止标志的几何图形是带斜杠的圆环，其中圆环与斜杠相连，为红色；图形符号为黑色；背景为白色。

红色

传递禁止、停止、危险或提示消防设备、设施的信息

| 我国规定的禁止标志如图所示： | 禁止放置易燃物、禁止吸烟、禁止通行、禁止烟火、禁止用水灭火、禁止带火种、修理时禁止转动、运转时禁止加油、禁止跨越、禁止乘人、禁止攀登等。 |

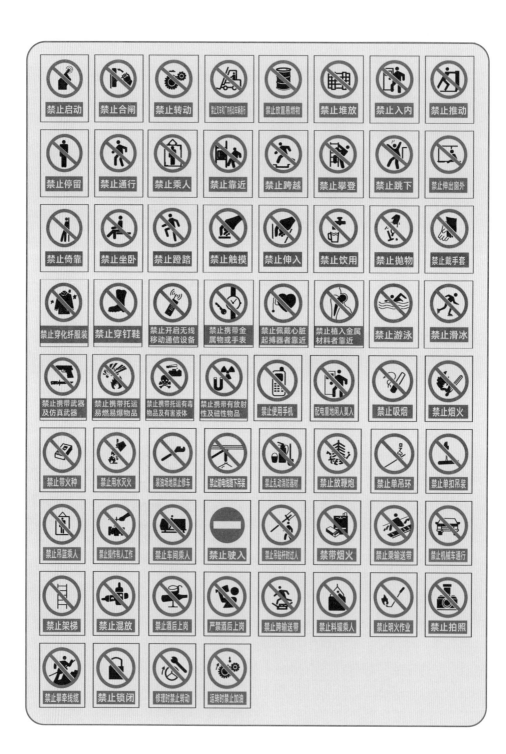

警告标志

传递**注意、警告**的信息

- 警告标志的含义是警告人们可能发生的危险，由黑色的正三角形、黑色符号和黄色背景组成。

我国规定的警告标志如图所示：

指令标志

● 指令标志的含义是必须遵守，由圆形、蓝色背景、白色图形符号组成。

蓝色

传递必须遵守规定的指令性信息

我国规定的指令标志如图所示：

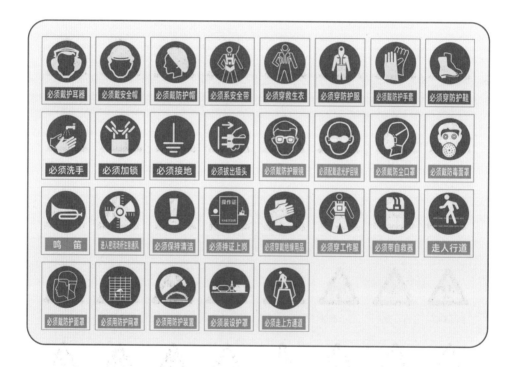

提示标志

- 提示标志的含义是示意目标的方向，整体为方形，绿色背景，由白色图形符号及文字组成。

我国规定的提示标志如图所示：

二、施工现场标志标牌的配置

标牌用于工程驻地、施工现场明示相关信息，主要包括工程概况牌、管理人员名单及监督电话牌、安全文明施工牌、重大风险源告知牌、施工现场布置图、职位危害告知卡等。

详见二维码

第四节　安全人应具备的素质、人的不安全行为

一、安全人应具备的素质

①　丰富的实践工作知识

掌握安全操作及卫生知识，熟悉本工作岗位的操作流程，有利于更好地维持工作场所的秩序。一要了解设备机械，产品材料以及使用个人防护用品。现在设备和机械逐渐自动化、复杂化，这要求我们更要正确使用和操作机械，掌握检查关键点位和处理异常情况的方法，了解设备工具的构造机能性能等。二要养成良好的安全工作习惯。听取各班组的不同意见，大家同心协力、互相配合，以便掌握更多的安全知识。

②　掌握安全工作的作业标准

将作业标准作为检查的重点与技巧。进行程序体验学习，熟悉项目的作业说明书后先从基础动作开始，抓住突发状况，进行学前教育培训，快速正确掌握安全的操作方法，理论与实际作业相结合是最好的体验。掌握工作的基本要素，听安全专业人员分享工作经验和体会；结合自己的工作经历，计划更切合实际的作业方法；解除周围的危险物品，并加以标示；确认注意点。无论怎样的作业都要按制度规定和标准作业流程进行。

3 故障发生时的判断与处理能力

01 具备故障处理能力

学习操作程序，记录之前发生的故障处理情况，进行实际训练并制定异常情况预案。

02 出了事故，沉着应对

在发生事故时，任何人心里都会慌张。但这种时候必须保持冷静，具备沉着应对的心理素质。

03 要在平时的工作中养成事故处理习惯

平时要熟悉操作的设备、机械等的性能，处理故障时才能灵活运用技巧和办法。

二、不安全行为发生的原因及人的不安全行为

不安全行为发生的原因

1 态度不够端正，容易忽视安全，采取冒险行动

侥幸的心理

一是思想错误，认为违章未必就会发生事故。二是认识上的错误，认为事故不是经常发生的，发生了也不一定会造成伤害，久而久之形成了不安全的作业习惯。

冒险的心态

一是喜欢逞能、争强好胜。二是有违章行为但是没有造成事故的经历。三是急于求成，不按规程作业。

麻痹的心理

一是习以为常，觉得此项工作经常做，不存在什么危险。二是未发现异常现象就跳过检查、测试等步骤直接操作。三是责任心不强，得过且过，用习惯性方式作业，对危险因素不够重视。

图省事、走捷径的心理

把应有的安全管理制度规定、安全措施、安全设备当作实现目标的障碍。

逆反的心理

不接受别人正确的、善意的规劝和批评。

2 ▸ 安全意识淡薄，习惯性违章频繁

3 ▸ 人、机界面缺陷

4 ▸ 工作程序不当，监督不力

5 ▸ 行为人的生理和心理有缺陷

行为人的体能、体形不符合要求，视力、听力有缺陷，反应迟钝，有高血压、心脏病等，怀孕，过度疲劳，存在恐慌、焦虑等心理状态，都容易造成不安全行为。

6 ▸ 作业环境恶劣

狭窄的空间难以使人按照安全操作规程作业；高温容易使人疲劳、行动迟缓，造成作业失误；噪声使人的听力下降，令人烦躁、无法安心工作；照明不足使人视觉疲劳，容易做出错误判断；有毒、有害气体会使人因中毒而动作失控等。

7 ▸ 培训教育不到位，安全技能低下

97种人的不安全行为

序号	不安全行为
1	班前、班中饮酒，酒后上岗、串岗、脱岗，班中睡觉
2	擅自进入危险区域（喷溅、燃气、放射源、有毒有害、易燃易爆、高温、吊物下方）等。跨越运转设备、卷扬机
3	上下楼梯手未扶栏杆
4	高处作业不佩戴安全带或设置安全网
5	违反起重作业"十不吊"原则
6	机动车辆混装乙炔、氧气或使用翻斗车装运气瓶
7	擅自拆卸、挪用或损坏安全标志、防护装置、信号装置
8	在有粉尘的场所作业未按规定戴防尘口罩
9	使气瓶在阳光下暴晒或靠近热源，坐在气瓶上吸烟
10	电焊机一、二次接线端无防护罩或电源线未包扎
11	焊接、切割作业未戴防护镜、焊工手套，电工未穿绝缘鞋
12	驾驶员在移动车辆时未观望四周或将车停在坡上不塞三角垫
13	乙炔瓶在储存时未保持直立等
14	作业现场不走安全通道
15	在吊物下行走、站立，攀登运动中的物体（件）
16	坐在栏杆、轨道上休息
17	未按规定要求填写检修报告书（包括登高、动火、工作票等）
18	坐、乘吊物升降装置
19	在未停机状态下或戴手套处理旋转设备
20	登高作业时不使用梯子
21	检修作业"未挂单牌"（指悬挂相应标志的单子或牌子）
22	进入危险区域工作未做到二人同行、一人作业一人监护
23	在禁火区吸烟或向禁火区抛烟头
24	用手代替工具进行作业

序号	不安全行为
25	戴手套指挥吊物，多人指挥，不用标准手势、不用标准哨音指挥
26	拆除作业无统一指挥；施工现场不在构筑物周围设安全警戒线；拆除护栏、楼板、楼梯等有用设施前，不进行安全交底
27	临时性作业不进行安全交底，不制定安全措施
28	使用吊（夹、索）具不设置最大起重量标牌
29	擅自关闭燃气报警器，有警报不汇报，作业时不使用燃气报警器。不做一氧化碳含量分析，不设监护人或未经检测进入燃气设备内作业
30	用有油脂的手套、棉纱或工具接触氧气瓶、瓶阀、减压器及管路等。戴有油脂的手套从事切割作业。使用氧气瓶、乙炔气瓶时，气瓶安全附件或安全距离不符合要求
31	起重作业时在上升限位、抱闸、警铃失灵的情况下起吊
32	起重作业时不按规定试验、不调整抱闸就进行作业
33	起重作业时，吊臂或吊物下有人就进行吊运起吊，不打铃就开动吊车
34	起重作业时吊物在人员或重要设备上方通过不打铃，把吊物悬在高空就离开现场
35	电气作业类低压电气作业工作票填写不规范
36	电线线路接头裸露、不包扎，使用一闸多机的设备
37	使用胶盖缺损的刀闸接线越闸不过保护
38	处理故障或现场抢修时不挂牌、不联系、不跟所有相关人员确认
39	开动被查封或报废的设备
40	随意拆除设备上的安全装置和警示标志等
41	乱动阀门开关。使用电源和动力介质时不按规定的接点接取
42	委托无安全资格证、无施工合同、无单项安全措施的外委检修单位
43	单位内部常规检修不制定检修作业标准，非常规检修不制定单项安全措施
44	开动非本岗位设备，授意他人操作本岗位设备
45	施工前不进行安全交底，施工者不清楚作业内容和单项安全措施
46	交叉施工（作业）不与相关单位和人员联系

续表

序号	不安全行为
47	启动性能不明的设备，无可靠的安全防护装置就开车作业
48	带负荷拉、合闸。启动关联性设备不联系、不警示、不确认
49	行车启动或吊物前未响铃
50	使用有安全隐患的各类设备和工具，如未可靠接地（零）的电动工具、电焊机，破损的绝缘手套、雨鞋、工具等
51	施工现场坑、洞、沟不设置警示标志
52	使用氧气瓶冲轮胎
53	劳保不全进现场：进入现场不戴安全帽，不系好帽带；进入现场不穿工作鞋，电工作业不穿绝缘鞋、不戴绝缘手套；打击硬质物品（淬火件、合金钢等）不戴防护镜；焊工作业、切割作业、操作砂轮机、磨样等不戴防护镜（看火镜）
54	用压缩空气吹铁屑等颗粒物
55	擅自摘取他人操作牌送电、开机
56	没有按规定办理手续，擅自启动已停机挂牌的设备
57	在机器运转时加油、修理、检查、调整、清扫等
58	在检修现场随意开动不明的电源、动力源、闸阀
59	戴手套开机床或打重锤
60	在作业过程中，颗粒物飞溅时不戴防护镜、手套
61	在火车轨道上作业时未开启红灯
62	在规定必须使用低压照明处，使用非低压照明
63	攀爬移动中的车皮或车皮上有人上、下时开动卷扬机
64	进入重点要害岗位不登记，非重点要害岗位人员在重点要害岗位逗留
65	跨越运转设备或在设备运转时传送物件、接触运转部位
66	安排外行监护内行作业（如钳工监护电工等）
67	无故不参加班组安全活动
68	安全活动或安全例会迟到、早退

序号	不安全行为
69	不进行转换岗、返岗后的三级安全教育，不登记
70	无故不参加安全考试
71	骑自行车、摩托车进厂房或作业现场。高空作业穿硬底鞋。高空抛扔工具、器件。搭设临时架板、攀登使用直爬梯不捆绑，无专人监护
72	物体堆放超过高度限制、不稳固，占用安全通道
73	开动无限位、无制动的起重机械设备
74	有落物危险的高空作业，地面不设警戒线，无监护人。施工抢修，有落物砸伤风险时不设警戒线
75	使用人字梯无限开互拉装置
76	用铜（铁、铝）丝代替保险丝
77	起重作业时在不确认自己站位是否安全的情况下就指挥吊运。不确认吊具、吊链是否完好就指挥吊运
78	擅自进入燃气危险区域。进行燃气动火作业时不办动火手续，不设消防器材和监护人
79	电焊机使用中发生故障时，不停电就检查处理
80	起重作业不确认吊物放置环境状况就指挥吊运，占用、堵塞安全通道
81	特种作业无证上岗，对特种设备（压力容器等）不按规定时间巡回检查
82	在铁路界限内行走，抢过道口、横过铁路，擅自进入重点要害岗位
83	在检修作业现场追逐打闹
84	在禁烟（火）区域或现场吸烟
85	管理者本人或指派人员有意进行违章作业
86	管理者本人或指定非相关工种人员操作机器、设备、车辆
87	管理者本人或指派非相关工种人员进行特种作业
88	使用缺少接地或接零装置的电气设备
89	管理者本人或指派人员随意拆除安全设施、联锁装置及安全标志
90	管理者本人或指定人员不按规定在现场对危险作业进行监护

续表

序号	不安全行为
91	管理者本人在现场不制止违章行为,对群体性违章问题不采取措施
92	与移动、旋转中的设备接触或身体、肢体处于设备运行空间内
93	容器内作业不使用通风设施
94	电气作业未做到一人作业一人监护
95	使用有故障或缺乏安全防护装置的设备
96	机动车辆客货混载
97	发现隐患不及时处理也不上报,冒险作业

整理自微信公众号"每日安全生产"。

部分不安全要素图例

第五节　　生活区安全防范要点

一、安全使用燃气

冬季是一氧化碳中毒的高发期，施工人员在施工现场、生活区环境通风差的情况下使用燃煤、炭火、燃气热水器均可能接触到这种无色无味的气体。过量吸入会引起血氧含量降低、中枢神经系统损害及其他并发症。中毒有急性和慢性之分，通常说的一氧化碳中毒多指急性中毒。

生活区安全使用燃气

1 常见燃气管种类

胶质软管

容易因老化而出现断裂、漏气等危险情况，使用超过18个月就要更换。

金属波纹管

使用年限为6~8年。

铝塑管

使用年限为50年，但要定期检查接口处。

2 燃气（煤炉）使用注意事项

> 燃气胶质软管的长度不能超过2m。

> 燃气管不要靠近炉面，以免被火焰烧烤。

> 燃气管不要穿越墙体、门窗。

> 不要压、折胶管，以免造成损伤导致漏气。

> 燃气管与燃具、管道的接口处须扎紧，以防脱落漏气。

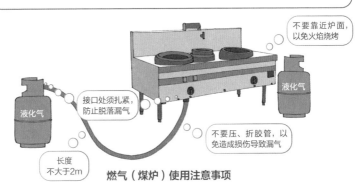

不要靠近炉面，以免火焰烧烤

液化气

接口处须扎紧，防止脱落漏气

液化气

不要压、折胶管，以免造成损伤导致漏气

长度不大于2m

燃气（煤炉）使用注意事项

保持空气流通：燃气（煤炉）完全燃烧时，消耗的空气量是该气体的4倍以上，室内（尤其是燃具周围）应保持良好的通风状态。

注意人走火熄：用气完毕，要关闭阀门。睡前、外出前，应检查确认燃气阀门（液化气罐和灶具阀门）是否关闭。

取暖用的煤炉要装好烟囱：保持烟囱结构严密和室内通风良好，防止漏烟、倒烟。睡前一定要检查火炉是否封好。

宿舍内采用火炉取暖时要注意防火并通风，以免造成一氧化碳中毒。

宿舍燃气（煤炉）使用注意事项

使用燃气要照看：切勿在无人照看的情况下使用燃气具。汤、粥、牛奶等液体烹煮时容易溢出，要多加照看，以免汤水淋熄炉火，造成燃气泄漏，同时要避免儿童接近燃气具。

打不着火应停顿：如果连续三次打不着火，应停顿一会儿，确定燃气消散后再重新打火，因为燃气在打火过程中多次释放，遇到明火极易燃爆。

3 生产场所燃气等气体泄漏的应急措施

当闻到臭鸡蛋味、汽油味或油漆味时就应当意识到可能是燃气泄漏了，此时应快速查找燃气泄漏点。检查时，可用肥皂水、洗洁精等涂在可能漏气的地方，如管道的接头，燃气表、灶的开关等处，若有漏气，则该处会连续冒泡。严禁使用明火检查泄漏。

> **异味明显，断气通风：** 发现室内有异味、燃气突然中断或是没有燃气时，应立即将灶具阀（或气罐阀）关闭并打开门窗通风换气。动作应轻缓，以免金属猛烈摩擦产生火花，引发爆燃。

> **电气设备，禁开禁关：** 燃气泄漏时，千万不要开启或关闭任何电气设备，以免产生火花，引发爆炸。

> **迅速离开，以防中毒：** 若室内异味较为明显，应迅速撤离，以防窒息、中毒。

> **关闭阀门，及时转移：** 燃气管道泄漏时可用胶带等将漏气部位缠紧，然后设法找到单元的燃气管道总阀门并将其关闭。对于气瓶用户，当阀门失灵时，应先用湿毛巾、肥皂、黄泥等将漏气处堵住，再将气瓶转移到远离人群的室外空地泄掉余气。切记以上过程全程杜绝一切火源。

> **及时报警，抢险抢修：** 出现燃气泄漏险情时，应立即拨打供气单位抢修电话和119火警电话，以利于及时抢险、抢修。但不要在充满燃气的房间内拨打求助电话，也不要打开油烟机或排风扇，以免擦出火花，引发火灾。

燃气和煤炉气（一氧化碳）中毒症状

轻度中毒患者可出现头痛、头晕、失眠、视力下降、耳鸣、恶心、乏力、心跳加速、休克等症状。

中度中毒患者除有轻度中毒症状之外，皮肤黏膜还会出现樱桃红色，多汗、心律失常、烦躁、行动迟缓、嗜睡、昏迷等症状也会继续加重。

重度中毒患者会进入昏迷状态，出现阵发性强直性痉挛、肌张力下降、面色苍白或青紫、血压下降、瞳孔散大、呼吸麻痹等症状，严重者甚至会死亡。经抢救存活者可有严重并发症及后遗症。

常见后遗症有神经衰弱、震颤麻痹、偏瘫、偏盲、失语、吞咽困难、智力障碍等。

 一氧化碳中毒后的科学救治方法

立即开窗通风，切断污染气体来源，迅速将患者转移至空气流通处，保持安静并注意保暖。

对有昏迷或抽搐症状的患者，可在其头部置冰袋，以减轻脑水肿。

切不可对患者采用灌醋、灌凉水、接地气等土方法，以免导致无法弥补的后果。

确保患者呼吸道通畅，对神志不清者应将其头部偏向一侧，以防吸入呕吐物导致窒息。

现场抢救病员时，抢救者应注意防止自身中毒，必要时须佩戴有效的防护面罩或面具。

二、食品卫生安全

1 通过看食品包装袋的外观来辨别假冒伪劣食品

可以通过看包装袋和印刷是否粗制滥造来判断。一般假冒伪劣食品的包装袋或材质欠佳、手感差，或印刷模糊，有的会使用回收的旧包装袋，可以观察是否有污迹、折痕等。

2 关注食品包装袋上的重要信息

食品包装袋上有保质期、存放方式、食品生产许可证（SC）编号、生产厂家、生产日期、配料表等，可以分别从以下方面来看：

---

01 保质期

注意日期是否被涂改过。

---

02 存放方式

根据包装袋上的商品说明了解存放条件，看是否与实际相符。如一些酸奶、蛋糕等，包装上写了低温储存，却放在常温下售卖的就尽量不买。

---

03 配料表

了解食品的添加剂和营养价值。排名越靠前的配料用量越多，可以此来分辨食品是否货真价实。国家规定各种食品配料需按照用量递减的顺序排序，只有用量少于2%的才不分先后。如牛奶，配料表第一位应为生牛乳或者纯牛奶，否则就有可能是牛乳饮料或复原乳。此外还要看配料中是否含有应有成分，警惕"香精调制"冒充"真材实料"。

---

3 健康饮食要求

一日三餐吃好、吃饱。购买食品时要认真查看生产厂家、生产日期、保质期，不要贪图便宜购买"三无"产品和无任何正规标识的产品。不吃腐败变质的食物，不喝生水。

勤洗手要求

进入食堂和宿舍、外出归来后、上厕所前后、接触垃圾后、擤鼻涕后、打喷嚏（不得以用手遮掩口鼻）后、使用公用工具和物品后、接触可疑污染物品后、去医院或接触病人后等都应该洗手。

七步洗手法：使用流动水，将双手充分浸湿，用适量肥皂或皂液，均匀涂抹至整个手掌、手背、手指和指缝，认真揉搓双手，整个揉搓过程15~20秒。洗手七字诀：正、反、夹、弓、大、立、腕。

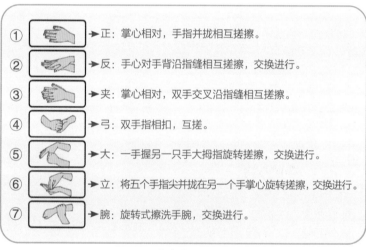

① 正：掌心相对，手指并拢相互搓擦。

② 反：手心对手背沿指缝相互搓擦，交换进行。

③ 夹：掌心相对，双手交叉沿指缝相互搓擦。

④ 弓：双手指相扣，互搓。

⑤ 大：一手握另一只手大拇指旋转搓擦，交换进行。

⑥ 立：将五个手指尖并拢在另一个手掌心旋转搓擦，交换进行。

⑦ 腕：旋转式擦洗手腕，交换进行。

七步洗手法

 导致食物中毒的常见原因

食用被致病性微生物污染且微生物大量繁殖的食物。

有毒化学物质混入食品，并食用达到能引起急性中毒的剂量。

食用本身在一定条件下含有有毒成分的食品，如没处理好的河豚。

食用储存不当而产生毒素等的食品，如发芽的马铃薯。

误食含有有毒成分的东西，如毒蘑菇。

6 防止食品污染

如何抑制细菌繁殖、预防中毒

① 注意个人卫生，养成良好的卫生习惯。

② 开展爱国卫生运动，保持环境整洁，消灭苍蝇、蟑螂、老鼠及有害昆虫等传染媒介。

如何抑制食品中的细菌繁殖和毒素产生

食品原料、半成品等，最好存放在冷藏设备中，没有冷藏设备时，要存放于整洁、凉爽、通风、干燥的地方。夏秋季节饭菜现吃现做，不吃剩饭菜和存放时间较长的食物。

如何吃前消灭致病细菌

① 检查食物质量，不买、不做、不吃腐败、变质、污染的原料和食物。

② 饭菜烧熟煮透。剩饭剩菜特别是隔夜的饭菜和外购的熟食等一定要回锅蒸煮，充分加热后再食用。

要注意饮食卫生，不吃变质、发霉的食物，不喝生水，不吃未煮熟的扁豆、发芽的土豆等。

注意餐厅、饮食卫生

冰镇食品、饮料对身体有什么危害?

　　摄入冰镇食品、饮料可能会让胃肠功能不好的人胃肠功能紊乱、腹泻等,造成消化不良。另在冷藏后,食品、饮料里的水分往往会结成冰晶,食用时,口腔会受到突然的刺激,致使唾液腺及舌部味觉神经、牙周神经迅速降温,甚至麻痹,这样会引起咽炎或牙痛等不良反应。在长时间劳动、剧烈运动之后,如果大量吃冰镇食品、喝冰镇饮料,胃平滑肌和黏膜血管突然遇到过冷食物刺激,很容易收缩痉挛,引发胃痛或加重胃病。

感冒药混吃有什么危害?

　　日常生活中,很多人觉得中药温和,比较安全,所以很多人喜欢中西药搭着吃。对乙酰氨基酚是治疗感冒的药物中常用的成分,大多数感冒药都含该成分。中成感冒药也多含对乙酰氨基酚,中西感冒药一起吃很可能造成对乙酰氨基酚超量摄入,导致中毒性肌溶解和肝肾衰竭,造血系统也会出问题,严重时还可能诱发白血病。感冒时,如果吃药,一定要按说明书,不要乱吃或混吃感冒药。有肝硬化、脂肪肝、肝炎、胆管结石和胆囊结石以及营养不良的患者应慎用对乙酰氨基酚类药物。如果感冒吃药两三天病情还未见好转,就要到医院就医。

三、突发情况应对、电信诈骗防范、用电安全、传染性疾病控制

1 公共场所（食堂、宿舍等）突然出现混乱局面该如何应对

发觉拥挤的人群向自己的方向涌来时，应马上躲避一旁，但不要奔跑，以防被绊倒。若路边有合适的地方，可暂避，不要逆着人流前进。遭遇拥挤的人流时，不要采用前倾体位或低重心的姿势，即便鞋子被踩掉、鞋带被踩松也不要贸然弯腰提鞋或系鞋带。发现自己前面的人突然摔倒了，应马上大声呼救，告知后面的人不要向前靠近。如被推倒，要设法靠近墙壁并面向墙壁，身体蜷成球状，双手在颈后紧扣，做倒地防踩踏的自我保护姿势。如可能，抓住一件坚固牢靠的东西，如路灯柱、楼梯扶手等，待人群过去后，迅速离开现场。

2 如何防范电信网络诈骗

01 对于来自陌生人的电话、短信或视频通话请求要保持高度的警惕，即使对方能说出姓名、住址等个人信息也不能轻信，一定要采取妥善的方法和可靠的渠道加以核实。

02 不要轻易点击他人通过社交软件发来的链接，不能随便安装陌生的应用软件。

03 保持理性，不贪便宜、不轻易给他人转账。对于以下一些来路不明的信息需要保持高度的警惕：

→ 自称是公检法进行调查，需要汇款到"安全账户"的。

→ 自称是网贷平台，可以提供优惠的贷款条件，但是要先交纳保证金的。

▶ 声称"中奖"或能"领取补贴"，但是要先交一笔钱的。

▶ 冒充医院、学校等单位，或是某同学、亲朋好友，称因突发事件需要转账给他们的。

▶ 自称是商家的客户服务人员，谎称商品有问题，以"退款"名义索取个人信息或是发送钓鱼网站妄图套取个人信息的。

▶ 陌生网站或链接要求登录银行账户或输入银行卡信息的。

▶ 自称是"投资大师"，天花乱坠地吹嘘自己的投资成果并表示要帮忙投资理财的。

04 在电脑和手机里安装安全软件。安全软件可以有效识别诈骗电话、诈骗短信、网络钓鱼以及木马程序，维护信息安全。

05 万一遭遇电信网络诈骗或收到疑似诈骗信息，请立即拨打公安部的反电信网络诈骗专用电话号码96110，第一时间说清被骗经过和自己汇出钱款的银行账号、开户银行等信息，同时提供骗子的银行账号、电话号码、账号户名以及账户的开户银行等详细信息。当然，也可以在向公安机关报警的同时，设法和银行取得联系以取得帮助。如果接到96110这个号码打来的电话，说明自己或家人正在遭遇电信网络诈骗或者属于易受骗的高危人群；如果发现涉及电信网络诈骗的违法犯罪线索，也请立即致电该专用电话举报。

3 食堂、宿舍安全用电要求

根据上海市城乡建设和交通委员会《关于加强建设工程施工现场临建房屋安全管理的通知》的一般规定，施工现场应设置集中充电场所，满足小型工具、电动自行车、应急器具、对讲设备等生产生活机具的充电需要，并安排专人管理。

施工现场作业人员的非机动车辆或其他需要充电的器具、设备等均应按照建筑施工现场临时用电安全管理制度执行。

加强施工现场宿舍管理

施工单位应对施工人员居住的宿舍加强管理，采取措施有组织地做好夏季降温和冬季取暖工作，确保施工人员的身体健康。宿舍内严禁使用明火取暖。严禁使用电炉、电热毯、电褥子、热得快等电热器具，严防火灾事故发生。

临建房屋使用空调、电暖器取暖时，必须采购合格的产品，并采用专用的供电回路，设置专用插座，安装短路、过载、漏电保护电器，并定期进行检查，确保用电安全。

严禁在宿舍区（特别是床头）私自拉接电线、插线板，严禁在宿舍区使用大功率生活电器（热得快、电磁炉等）。

宿舍内严禁私自拉接电线、严禁吸烟

 如何防范传染病

 关心政府部门或其他正规渠道发布的相关新闻信息，及时了解传染病的症状特点等相关情况。

对照传染病的症状自我检查，有情况尽快自我隔离并就医。

接种相应的疫苗。

规律作息，合理安排工作，注意不要过度疲劳。

适当进行体育锻炼，增强抵抗力。

定时开窗通风，尽量减少到空气不流通且人多拥挤的场所。

注意个人卫生，养成良好的卫生习惯，如不用脏手揉眼睛、饭前便后要洗手、不喝生水、不吃不洁净的食物等，以防"病从口入"。

 　如何预防呼吸道传染病

1　保持手卫生，不要揉搓身体部位，避免用手直接触摸口鼻眼。同时注意处在通风良好的环境中。

2　保持安全社交距离，不近距离面对面坐谈或用餐，不交头接耳。

3　正确佩戴口罩。

4　停工休息期间保持有规律的作息，健康饮食，提高自身免疫力。

5 随身携带餐巾纸、消毒湿巾或消毒液等物品以备用。

6 不随地吐痰，咳嗽、打喷嚏时用纸巾或肘弯遮住口鼻。

7 不高声喧哗，避免"唾沫横飞"。

6 正确佩戴一次性医用口罩

面向口罩无鼻夹的一面（口罩内层），两手各拉住一边耳带，使鼻夹位于口罩上方；将双手指尖放在金属鼻夹顶部，用双手一边向内按压，一边向两侧移动，使其贴合鼻梁；整理口罩下端，使口罩与面部贴合。

面向口罩无鼻夹的一面，两手各拉住一边耳带，使鼻夹位于口罩上方。

将双手指尖放在金属鼻夹顶部，用双手一边向内按压，一边向两侧移动，使其贴合鼻梁。

一次性口罩佩戴

本章事故案例

据应急管理部门通报

2021年，某工业园内，在汽车式起重机进行起重作业时，一工人站在集装箱上，因钢丝绳突然断裂导致其坠落受伤，人员未佩戴安全帽，经送医抢救无效死亡。

事故原因分析

涉事汽车式起重机在吊装作业时，一是工人图方便，未佩戴安全帽，直接站在集装箱上（集装箱高度约2.82m）；二是汽车式起重机司机无视规定，吊物上有人时仍进行吊装作业；三是事故现场管理人员未能及时制止吊物站人的吊装作业；四是吊装集装箱的钢丝绳断裂致其坠落。以上种种，最终导致了事故发生。

吊装集装箱的钢丝绳断裂

综合练习题

▌填空题

1. 生产经营单位新上岗的从业人员，岗前安全培训时间不得少于（　　）学时。

2. 施工前必须进行安全交底。交底完后（　　）三方签字。

3. 根据《生产经营单位安全培训规定》，加工、制造业等生产单位的其他从业人员，在上岗前必须经过（　　）三级安全培训教育。

4. 安全帽由（　　）等组成。

5. 在使用安全帽前，必须检查（　　）和按压衬垫。

6. 凡在坠落高度基准面（　　）有可能坠落的高处进行作业，都称为高处作业。

7. 安全标志分为（　　）四类。

8. 特种作业人员必须经过（　　），方可上岗。

9. 用气完毕，要（　　）阀门。临睡前，外出前，应检查确认燃气管道、液化气罐和灶具阀门已经（　　）。

10. 燃气胶质软管的长度，不能超过（　　）。

▌思考题

1. 节后复工常见的作业危险有哪些？

2. 施工现场五牌一图是指哪些？

3. 食物中毒的原因主要有哪些？

▌判断题

1. 安全帽上出现微小裂纹、变形或为了散热另行打孔后可以继续使用。

2. 高处作业有固定平台时，可以不戴安全带。

3. 进入施工现场须正确使用安全防护装置（设施）及个人劳动防护用品。

4. 施工单位应当为从事危险作业的人员办理意外伤害保险。

5. 使用安全带时，应可靠地挂在牢固的地方，低挂高用。

6. 绳子不够长时，安全带可以打结接长使用。

7. 只要安全带没有损坏，超过有效期仍可以继续使用。

8. 禁止标志，含义是不准或制止人们的某些行动。

9. 警告标志，含义是警告人们可能发生的危险，颜色是红色的。

10. 指令标志，含义是必须遵守，颜色是蓝色的。

11. 电工作业、金属焊接切割作业、起重机械作业都属于特种作业。

12. 当闻到臭鸡蛋味、汽油味、油漆味时就应当意识到可能是燃气泄漏。严禁使用明火检查泄漏。

13. 燃气泄漏时，千万不要开启或关闭任何电器设备，以免产生火花，引发爆炸。

选择题

1. 临时用电线路应采用绝缘良好、完整无损的橡皮线；室内沿墙敷设，其高度不得低于（　　）；室外跨路时，高度不得低于（　　）；不得沿暖气、水管及其他气体管道敷设。

   A. 1.5m，2.5m　　B. 2m，3m　　C. 2m，4m　　D. 2.5m，4.5m

2. 使用环氧树脂黏合剂的危害有（　　）。

   A. 黏合时产生有毒气体　　B. 黏合时产生易燃气体　　C. 皮肤炎或过敏反应

3. （多选）某工友晚上在宿舍里使用"热得快"烧水，中途断电但忘记将插头拔掉，随后与其他工友外出聚餐，结果"热得快"引发火灾。宿舍里其他工友发现火情后打水救火未成功，躲至阳台却仍受不住火场高温，只能无奈跳楼，这一事故最终导致多人伤亡。从该案例中，我们可以吸取的经验教训有（　　）。

   A. 注意用电安全，工地严禁使用"烧得快"烧水。用电时不离人，用毕须断电，睡前断电

   B. 身边发生火灾时，应该第一时间报警并逃生

   C. 灭火时要做好不成功后撤离的准备。即使灭不了火，也一定要能逃生

   D. 发生火灾时要选择合适的避难场所，阳台一般不适合固守待救

参考答案

填空题

1. 24

2. 交底人、被交底人、专职安全管理员

3. 厂（矿）、车间（工段、区、队）、班组

4. 帽壳、帽衬、下颚带及附件

5. 合格证、有效期，外观、连接部件

6. 2m以上（含2m）

7. 禁止标志、警告标志、指令标志、提示标志

8. 专业技术培训考试合格，取得操作证

9. 关闭；关闭

10. 2m

思考题

1. 违章操作，安全装置失效，使用不安全设备，用手代替工具操作，冒险进入危险场所，攀、坐不安全位置，不正确穿戴劳防用品，不安全装束。

2. 工程概况牌、质量安全目标牌、管理人员名单及监督电话牌、安全文明施工牌、重大风险源告知牌、施工现场布置图。

3. 致病性微生物污染食物并大量繁殖；有毒化学物质混入食品并达到能引起急性中毒的剂量；食品本身在一定条件下含有有毒成分，如没处理好的河豚；食品储存不当而产生毒素等，如发芽的马铃薯；误食含有有毒成分的东西，如毒蘑菇。

判断题

1. ×（解析：不能继续使用，须立即报废）

2. ×（解析：高处作业时，必须佩戴安全带）

3. √

4. √

5. ×（解析：高挂低用）

6. ×（解析：安全带严禁打结使用）

7. ×（解析：安全带应在有效期内使用）

8. √

9. ×（解析：警告标志是黄色的）

10. √

11. √

12. √

13. √

选择题

1. D

2. C

3. A、B、C、D

3

第三章
施工机械安全操作知识要点

机械伤害、起重伤害是建筑施工中的常见事故类型。加强对施工作业人员的机械安全操作技术培训，避免"三违"行为发生，就施工机械及配件使用安全要点阐述以减少施工机械安全事故是本章的重点。

第一节　常用索具和吊具的安全使用要点

一、麻绳

1 机动的起重机械设备或受力超过额定载荷的起重吊装不得使用麻绳。

2 麻绳不能和酸性、碱性、油漆等物质接触，否则容易腐蚀，腐蚀后的麻绳不能使用。

3 使用麻绳捆绑物体时，在物体的尖锐边角处应垫上保护性软物。

吊物边缘锋利且无防护措施，严禁起吊。

万一磨断，后果不堪设想！

麻绳捆绑物体注意事项

二、钢丝绳

钢丝绳按捻制方法可以分为单绕、双绕和三绕钢丝绳三种。双绕绳又分为顺绕、交绕、混合绕三种，起重机械主要采用挠性较好的双绕绳。顺绕用于小车牵引，不用于提升；起重机械多用交绕钢丝绳。线接触钢丝绳使用寿命比普通型提高1.5~2倍。麻芯挠性、弹性、润滑性较好。钢丝绳每月至少润滑2次，润滑油加热到80℃以上。一般桥架式起重机械采用单层卷绕的卷筒。T字形断面最合理，最常用的是梯形。锻钩检查用煤油洗净钩体，用20倍放大镜检查。吊钩危险断面磨损达原尺寸10%报废。不允许补焊后使用。吊钩每季度至少检查一次。衬套磨损量超过原厚度5%，销子磨损量超过名义直径3%~5%更新。

吊物超载

超重啦！

钢丝绳的安全使用与管理

01 钢丝绳不准超额定载荷使用。

02 切断钢丝绳前应在切口处用细钢丝进行捆扎以防切断后绳头松散。切断钢丝绳时要防止钢丝碎屑飞溅损伤眼睛。

03 钢丝绳在使用中禁止锐角曲折、挑圈，防止被夹或压扁。

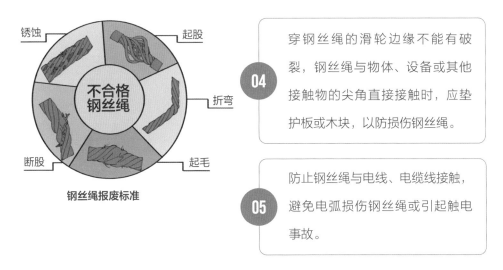

钢丝绳报废标准

04 穿钢丝绳的滑轮边缘不能有破裂，钢丝绳与物体、设备或其他接触物的尖角直接接触时，应垫护板或木块，以防损伤钢丝绳。

05 防止钢丝绳与电线、电缆线接触，避免电弧损伤钢丝绳或引起触电事故。

三、卸甲

卸甲又叫卸扣，是用于吊索、构件或吊环之间的拴连工具，可分为销子式和螺旋式两种，其中螺旋式的比较常用。

卸甲的安全使用

01 卸甲使用前应认真检查，不得有裂纹、夹层或销子弯曲等缺陷。不允许将拆除的卸甲从高空往下抛摔。

02 卸甲不得超额定载荷使用，横向间距不得受拉力。

03 螺旋式卸甲应上足，销子式卸甲必须插好保险销。

四、吊钩与吊环

吊钩、吊环、平衡梁与吊耳是起重作业中比较常用的吊物工具，它们的优点是取物方便、安全可靠。

1 起重吊环的形式有圆吊环、梨形环、强力环、子母环、欧式长吊环、国产长吊环、吊环螺钉、吊环螺母、旋转吊环等。吊钩有单钩、双钩两种形式。

2 吊钩、吊环的使用要点：

01 起重机械不得使用铸造的吊钩。

02 吊钩、吊环不得超额定载荷作业。

03 在起重吊装作业中使用的吊钩、吊环表面要光滑，不能出现剥裂、刻痕、锐角、接缝和裂纹等。

04 吊钩须设有防止吊物意外脱钩的保险装置。

05 吊钩上的缺陷不得补焊。

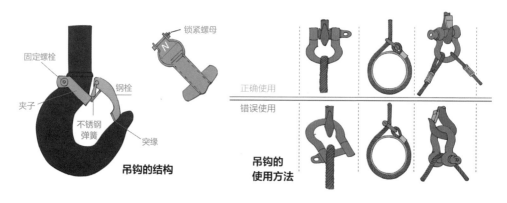

固定螺栓　钢栓　夹子　不锈钢弹簧　突缘　锁紧螺母

吊钩的结构

正确使用　错误使用

吊钩的使用方法

3 出现下述情况之一时，吊钩或相应构件应报废：

- 表面有裂纹。
- 吊钩危险断面磨损达原尺寸的10%。
- 开口度比原尺寸增加15%。
- 扭转变形超过10°。
- 危险断面或钩颈部产生塑性形变。
- 板钩衬套磨损达原尺寸的50%，应报废衬套。
- 板钩心轴磨损达原尺寸5%，应报废心轴。

五、绳夹

绳夹主要用来夹紧钢丝绳末端或将两根钢丝绳固定在一起，其中以骑马式绳夹最为常用。

使用绳夹时要一顺排列，不得正反交错，且绳头处需另加一安全弯，以备平时检查之用。

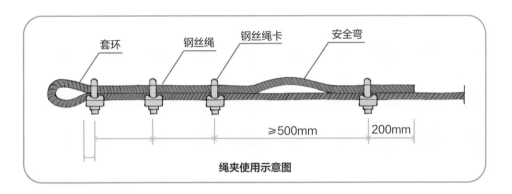

套环　钢丝绳　钢丝绳卡　安全弯

≥500mm　200mm

绳夹使用示意图

六、滑轮及滑轮组的安全使用

1 滑轮组穿好钢丝绳后，要逐步收紧绳索进行试吊，检查各部位是否良好，有无卡绳和相互摩擦之处。

2 使用滑轮起吊时，严禁用手抓钢丝绳。必要时，应用撬杠来调整。

3 滑轮吊钩中心与被吊设备的重心要在一条与地面垂直的线上，以免设备吊起时发生倾斜或扭转。

第二节　常用起重机械

一、手拉葫芦的安全使用要求

手拉葫芦又叫捯链或神仙葫芦，可用来起吊轻型构件、拉紧扒杆的缆风绳，以及用在构件或设备运输时拉紧捆绑的绳索。它适用于小型设备和重物的短距离吊装。

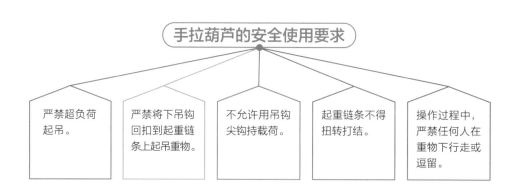

手拉葫芦的安全使用要求

| 严禁超负荷起吊。 | 严禁将下吊钩回扣到起重链条上起吊重物。 | 不允许用吊钩尖钩持载荷。 | 起重链条不得扭转打结。 | 操作过程中，严禁任何人在重物下行走或逗留。 |

二、电动卷扬机的安全使用要求

01 使用卷扬机时应放置在平整、坚实的地面上，场地应排水畅通，设置可靠的地锚。

02 应在安全、视线良好的位置操作。

03 使用卷扬机时，手、脚制动操纵杆动作的行程范围内不得有障碍物。

04 卷扬机的转动部分及外露的运动件应设防护罩。

05 卷扬机应在司机操作方便的地方安装能迅速切断总电源的紧急断电开关，且不得为倒顺开关。

06 卷筒上的钢丝绳应排列整齐，钢丝绳卷绕在卷筒上的安全圈数不得少于5圈。

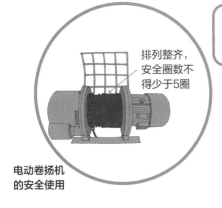

排列整齐，安全圈数不得少于5圈

电动卷扬机的安全使用

货物起吊的过程中，起重机每转换1次动作应鸣笛；吊钩处于最低位置时，卷筒上的钢丝绳不得少于5圈；钢丝绳直径与卷筒上的绳槽直径应匹配。

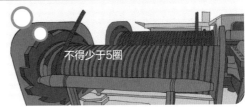

不得少于5圈

吊车卷扬注意事项

07 任何人不得跨越正在作业的卷扬钢丝绳，物件提升后操作人员不得离开卷扬机，休息时物件或吊笼应降至地面。

08 作业过程中，物件或吊笼下面不得有人员停留或通过。

09 作业过程中遇到停电时，应将控制手柄或按钮置于零位并切断电源，将物件或吊笼降至地面。

10 作业完毕后应将物件或吊笼降至地面并切断电源，锁好开关箱。

三、履带式起重机的安全使用要求

1　司机应持证上岗，非专业人员不得从事起重作业。

2　起重机应在平坦坚实的地面上作业、行走和停放，并应与沟渠、基坑保持安全距离。起吊前应仔细检查被吊物是否捆绑牢靠。

3　内燃机启动后，应检查各仪表指示值，待运转正常再接合主离合器，进行空载运转，顺序检查各工作机构及其制动器，确认正常后，方可作业。

4　起吊重物时应先稍离地面试吊，确认重物已挂牢、起重机的稳定性和制动器的可靠性均良好后，再继续起吊。

5　采用双机抬吊作业时，应选用起重性能相似的起重机。抬吊时应统一指挥，动作应配合协调，载荷应分配合理。

6　起吊物件时，吊装作业半径内严禁站人。

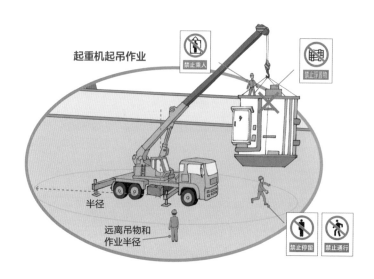

起重机起吊作业

禁止乘人
禁止浮置物
半径
远离吊物和作业半径
禁止停留　禁止通行

7　起吊重物时不得有多人指挥，指挥信号须清楚。

8　起吊重物上方不得有浮置物。

9　严禁歪拉斜吊重物。

10　起重机械无制动和逆止装置，或制动装置失灵、不灵敏时，停止吊装。

四、汽车式起重机的安全使用要求

1　起重吊装作业设置安全警示牌和安全围栏。

2　汽车式起重机起吊作业时，汽车驾驶室内不得有人，重物不得超越驾驶室上方，且不得在车的前方起吊。

3　作业中发现起重机倾斜、支腿不稳等异常现象时，应立即使重物下降落在安全的地方，下降中严禁制动。

4　重物在空中需较长时间停留时，应将起升卷筒制动锁住，操作人员不得离开操纵室。

5　严格安全操作纪律，严格执行"十不吊"。

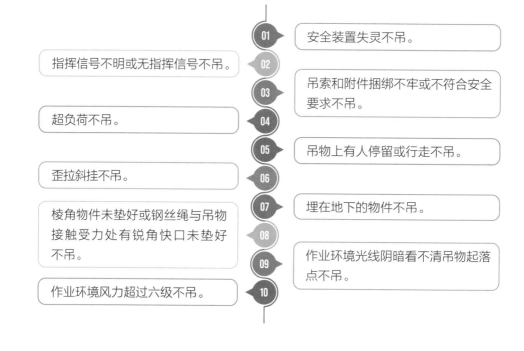

指挥信号不明或无指挥信号不吊。

超负荷不吊。

歪拉斜挂不吊。

棱角物件未垫好或钢丝绳与吊物接触受力处有锐角快口未垫好不吊。

作业环境风力超过六级不吊。

01 安全装置失灵不吊。

02

03 吊索和附件捆绑不牢或不符合安全要求不吊。

04

05 吊物上有人停留或行走不吊。

06

07 埋在地下的物件不吊。

08

09 作业环境光线阴暗看不清吊物起落点不吊。

10

五、塔式起重机的安全要点

1 装拆作业前必须进行安全技术交底，装拆作业中各工序应定人定岗，定专人统一指挥。

2 装拆作业应设置警戒线并设专人监护，无关人员不得入内。

3 塔式起重机装拆作业时，指挥人员应熟悉装拆作业方案，遵守装拆工艺和操作规程，使用明确的指挥信号。参与装拆作业的人员应听从指挥，发现指挥信号不清或有错误时应停止作业。

4 在装拆作业过程中，当遇天气剧变、突然停电、机械故障等意外情况时，应将已装拆的部件固定牢靠，并经检查确认无隐患后停止作业。

5 非作业人员不得登上顶升套架的操作平台，操作室内只准一人操作。

6 塔式起重机作业过程中，应经常检查附着装置，发现松动或异常情况时应立即停止作业，故障未排除前不得继续作业。

7 拆卸塔式起重机时，应随着塔身降落的进程拆卸相应的附着装置，严禁在落塔之前先拆附着装置。

8 附着装置的安装、拆卸、检查和调整应有专人负责。

9 司机要与现场指挥人员配合好，任何人均应服从司机对其发出的紧急停止信号。

10 当同一施工地点有两台或以上塔式起重机并可能互相干涉时，应制定群塔作业方案；两台塔式起重机之间的最小架设水平安全距离和垂直安全距离不应小于2m。

11 严禁拔桩、斜拉、斜吊和超额定载荷运转，严禁用吊钩直接挂吊物或用塔机运送人员。

第三节 建筑施工垂直运输机械

一、施工升降机和物料提升机

1 施工升降机

施工升降机是一种临时安装的带有导向平台、吊笼或其他运载装置并可在施工工地各层站停靠服务的升降机械。通常以交流电动机提供动力，通过齿轮、齿条或钢丝绳传递动力，利用吊笼载人、载物，沿导轨架作上下垂直运输。主要应用于高层和超高层建筑施工，也用于桥梁、高塔等固定设施的垂直运输。

施工升降机

物料提升机

　　物料提升机是施工现场用于垂直运输物料的一种简易设备，按架体结构外形，一般分为龙门架式和井架式。

　　由于物料提升机只能载货不可载人，所以一般只用于高度相对较低的多层建筑和仓库厂房等建筑工程（提升高度一般在30m以下），垂直运输施工所需的物料。

物料提升机

 施工升降机和物料提升机拆卸作业安全要点

拆卸作业中，严禁从高处向下抛掷物件。

交接班时应作好记录，如有未排除的故障必须通知接班操作人员。

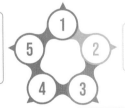

物料提升机只允许运送物料，严禁载人。

不得超额定载荷作业。作业完毕，应将吊笼或物件降至地面，并切断电源，锁好开关箱。

工作中突然断电时，应将控制器手柄或按钮置于零位，操作人员不得擅自离开操纵位置。

二、施工吊篮

1 施工吊篮是建筑工程高空作业的建筑工具，用于幕墙安装、外墙清洗。悬挑机构架设于建筑物或构筑物上，利用提升机构驱动悬吊平台。施工吊篮是通过钢丝绳沿建筑物或构筑物立面上下运行的施工设施，也是为操作人员设置的作业平台。

2 施工吊篮安全操作要求

1 操作人员无不适应高处作业的疾病（心脏病、贫血、癫痫病、精神病等）和生理缺陷。

2 酒后、过度疲劳、情绪异常者不得上岗。

3 操作人员不得穿拖鞋或塑料底鞋等易滑鞋作业。

4 严禁在沙尘、大雾、大雨、大雪、大风等恶劣天气下作业。

严禁在沙尘、大雾、大雨、大雪、大风等恶劣天气下作业。

施工吊篮严禁在恶劣天气下作业

工作处阵风风速大于8.3m/s（5级风）时，操作人员不准上吊篮操作。

 吊篮的任何部位与输电线的安全距离小于10m时，不得作业。

 操作人员应配置独立于悬吊平台的安全绳及安全带或其他安全装置，且严格遵守操作规程。

 操作人员必须有两名，不允许单独一人作业，如遇突然停电，可两人分别操作手动下降装置安全落地。

 操作人员必须在地面进出吊篮，严禁在空中沿窗口出入，严禁从一个吊篮跨入另一个吊篮。

 利用吊篮进行电焊作业时，需要有一端线头接地作为回路接线，严禁将接地回路接头接到悬吊平台上。吊篮内严禁放置氧气瓶、乙炔瓶等易燃易爆品。

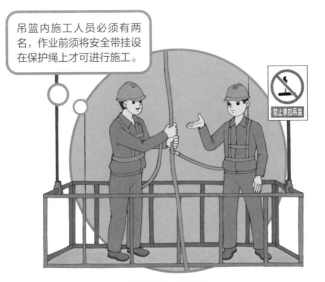

施工吊篮作业要求

三、起重作业常见事故原因

从人的角度来说，常见事故原因有：对作业环境中的危险源认识不足；作业人员技能不够，操作出现失误；无防护用品或使用不当；作业人员之间配合不当；监护不到位。

从物品（机械）的角度来说，常见事故原因有：沟通信号不明确、信号中途中断、信号错误；吊物未捆绑牢固，捆绑方法不正确；钢丝绳、夹具等工具选用不当；棱角、快口未做保护；起重机械、设备、工器具等带故障使用。

环境方面：人员在起重机回转半径范围内逗留或通过；作业路面不实，起重机对地面压力达不到额定值；在恶劣天气进行作业。

管理方面：作业人员无证上岗，不是起重工、操作工的从事起重作业；超载、抬吊等需要开具工作票的未开票；未安全交底就作业；安全措施落实不到位；起重设备未经试验或试验不合格就投运。

四、起重吊装作业检查、管理要点

吊装作业前检查要点

吊车（起重机）贴有标签（驾驶室玻璃右上角的年审合格证），操作舱中备有干粉灭火器，起重机上有吊钩安全限位装置且有报警设施；现场有指挥人员（负责合理配置吊装人员、搬运人员人数，核对设备吨位、钢丝绳承载能力等），且按照

起吊时，让重物长时间悬在空中，驾驶员离开操作室。

起吊物件时，作业人员或非作业人员在吊物下停留或行走。

起重工作不使用统一的指挥信号或多人指挥。

起重机械吊运时，被吊运物体上有悬浮物或载人。

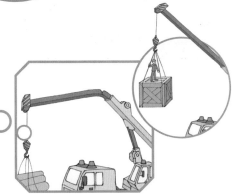

用吊车斜着拖吊重物。

指挥人员在照明不足或看不清作业情况时，指挥起重作业。

起吊违章行为

规范指挥；吊装区域必须设置警示围护，监护人员必须在岗尽责，无关人员不得进入吊装区域；吊车支腿必须设置垫板，地面紧实、平整，地面或地下无管线，空中无障碍物，垫板面积约为支腿与地面接触面积的3倍；散件不得混吊，要使用吊笼，吊物要设置溜绳；吊物不得从人员、作业区上方经过；恶劣天气必须停止吊装作业。

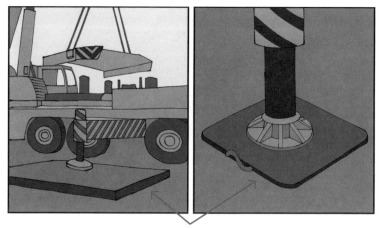

合格支腿垫板

检查危险区域情况： 确认危险区域无人；确认吊车吊件安全（主、副吊钩防脱保险灵活有效，不超过3个危险断面、不产生塑性形变，危险断面磨损不超过10%，吊钩表面不存在裂纹）；确认吊具吊点正确；确认操作人员经过培训。

起重机安全检查： 钢丝绳固定（压板法和楔子法）。压板固定时不少于2个；绳卡连接距离为绳径的6倍；卡板压在主绳上，绳头扎结。

排绳器、滑轮组：完好的滑轮组有防跳槽装置，滑轮槽磨损超限、损坏或变形严重，会加剧钢丝绳磨损或隔断钢丝绳，应立即更换。

限位器：防止吊钩碰撞天车。

水平仪：保证吊装作业时车辆处于水平位置。

力矩检测（工况开关）：操作手柄、上下车制动液、全车液压油缸、液压锁阀、液压油。

② 吊装作业要点

试吊：任何吊装作业在正式吊装前都须进行试吊（将吊物吊起10~20cm，保持1~2分钟），试吊目的可概括为"**三看一试**"：一看现场作业环境，二看作业机具，三看作业对象；"**一试**"是在"**三看**"基础上，通过试吊，检验装卸和吊装作业的安全性，保证作业安全。

严禁超载吊装。遵循生产厂家规定的允许最大负荷规定，不得强行启动超载控制开关；力矩检测器保持完好，没有力矩检测器的起重机执行负载曲线图的规定；要注意起重机的额定起重量会随吊臂幅度、角度发生变化。

保持垂直吊装。作业中始终保持吊物处在吊臂的正下方。

禁止恶劣气候下吊装作业。风力或阵风超过5级必须停止吊装。因为大风造成吊物摆动，伤及人员和现场构筑物；风力、风向影响起重机稳定性，吊臂伸出越长，起重机倾翻可能性越大；严重沙尘、烟、雾会造成视线不清；雨雪、冰冻会造成作业现场湿滑；雷电天气容易造成雷击。

控制吊物摆动。吊物离开支撑面后应控制吊物摆动；司索工要正确使用游绳牵引货物，并且站位正确；吊物在人员肩部以上应用（游钩）扶吊；吊物在人员肩部以下可以用手扶吊，但人体不得处于吊物下方；作业人员不得从吊物下穿行；扶吊人员不得处于吊物运动的前后方向；狭窄空间吊装时扶吊人员要有躲避位置；牵拉吊物不得用力过猛。

保证吊钳、捆扎绳的强度，保持垂直度，不能有侧向角。

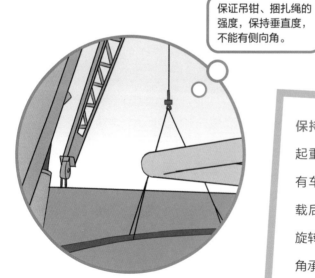

保持起重机水平状态。始终保持起重机作业时处于水平状态；所有车轮全部离开地面；起重机承载后支腿受力增加；随着吊臂的旋转，各个支腿受力不同，后45°角承载力最大。

吊装作业注意事项1

安全警戒。在吊装作业区域外沿设置警戒（警示牌、警戒线，如"作业现场，禁止通行"等），保证工作区域内没有无关人员。

吊装作业注意事项2

吊装作业注意事项3

第四节 建筑土方机械

土方施工常见的机械主要有推土机、装载机、铲运机、挖掘机、压路机等。这些机械严禁无证驾驶，酒后驾驶，超速或超载行驶，人货混载或非载人车辆载人，驾驶时接打电话、抽烟。

部分机械施工注意事项标志

一、推土机的安全使用技术规程

01 驾驶推土机时，应先确认安全后开动，工作时四周不得有障碍物，不得有人站在履带或刀片的支架上。

02 不得用推土机推石灰、烟灰等粉尘物料或碾碎石块。

03 在深沟、基坑或陡坡作业时，应有专人指挥，垂直边坡高度应小于2m，当大于2m时应放出安全边坡，同时任何情况下都禁止用推土铲刀侧面推土。

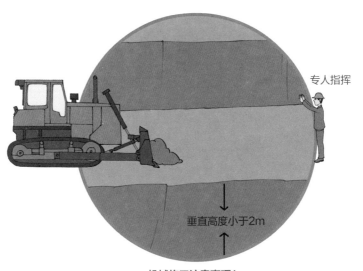

专人指挥

垂直高度小于2m

机械施工注意事项1

04 不得顶推与地基基础连接的钢筋混凝土桩等物体。顶推树木等物体不得使其倒向推土机及高空架设物。

05 两台及两台以上推土机在同一区域作业时，前后距离应大于8m，左右距离应大于1.5m，共同在狭窄道路上行驶时，未得前机同意，后机不得超越。

06 检修时，推土机应熄火，铲刀应落到地面或垫稳。

二、铲运机的安全使用技术规程

01 铲运机作业区内不得有树根、大石块和成片杂草等。

02 铲运机行驶的道路应平整坚实，路面宽度应超过铲运机宽度2m以上。

03 开动前，应使铲斗离开地面，机械周围不得有障碍物。

04 作业中，严禁人员上下机械、传递物件以及在铲斗内、拖把或机架上坐立。

05 多台铲、运车辆（机械）联合作业时，各机之间前后距离应大于10m（铲土时应大于5m），左右距离应大于2m，且应遵循下坡让上坡、空载让重载、支线让干线的原则。

车顶上严禁坐人

装载车车架上严禁坐人

距离大于10m

机械施工注意事项2

06 在新填筑的土堤上作业时，离堤坡边缘应超过1m。

作业中，严禁人员上下机械、传递物件，以及在铲斗内、拖把或机架上坐立。

机械施工注意事项3

三、装载机的安全使用技术规程

01 装载机作业区内不得有障碍物及无关人员。

02 装载机铲斗提升到最高位置时，不得运输物料。

装载机铲斗提升到最高位置时，不得运输物料。

03 铲装或挖掘时，铲斗不应偏载。铲斗装满后，应先举臂，再行走、转向、卸料。铲斗行走过程中不得收斗或举臂。

机械施工注意事项4

04 在向汽车装料时，铲斗不得从驾驶室上方越过。如土方车驾驶室顶无防护，驾驶室内不得有人。

05 装载机转向架未锁闭时，严禁站在前后车架之间进行检修或保养。

四、挖掘机的安全使用技术规程

01 单斗挖掘机的作业和行驶场地应平整坚实，松软地面应用枕木或垫板垫实，沼泽或淤泥场地应进行路基处理或更换湿地专用履带。

02 轮胎式挖掘机使用前应支好支腿并保持在水平位置。

03 平整场地时，不得用铲斗进行横扫或用铲斗夯实地面。

04 不得用铲斗破碎石块、冻土，或用单边斗齿硬挖。

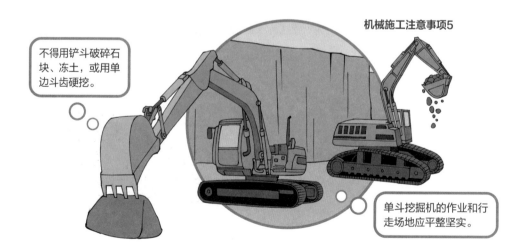

不得用铲斗破碎石块、冻土，或用单边斗齿硬挖。

机械施工注意事项5

单斗挖掘机的作业和行走场地应平整坚实。

05 在坑边进行挖掘作业，发现有塌方危险时，应立即处理险情并将挖掘机撤至安全地带。不得在留有伞状边沿及松动的大块石的坑边作业。

06 挖掘机应停稳后再进行挖土作业。当铲斗未离开工作面时，不得回转、行走等。

五、压路机

压路机按其压实原理可分为静作用压路机、振动压路机、夯击压实机械三种。

静作用压路机的安全使用技术规程如下：

01 工作地段的纵坡不应超过压路机最大爬坡能力，横坡不应大于20°。

02 当光轮压路机需要增加机重时，可在滚轮内加砂或水，当气温降至0℃及以下时，不得加水增重。

03 轮胎压路机作业前应检查轮胎气压，确认正常后启动。

04 压路机开动前，周围不得有障碍物或人员。

05 不得用压路机拖拉任何机械或物件。

06 在坑边碾压施工时，应由里侧向外侧碾压，离坑边距离不得小于1m。

07 多台压路机同时作业时，前后间距不得小于3m，在坡道上不得纵队行驶。

08 作业结束后，应将压路机停放在平坦坚实的场地，不得停放在软土路边缘及斜坡上，且应锁定制动，不得妨碍交通。

第五节 建筑施工其他机械

一、桩工机械的安全使用

01 在基坑和围堰内打桩时，应配置足够的排水设备。

02 桩机作业区内不得有妨碍作业的高压线路、地下管道和地下电缆。作业区应有明显标志或围栏，非工作人员不得进入。

03 作业前，应由项目负责人向作业人员做详细的安全技术交底。桩机的安装、试机、拆除应严格按设备使用说明书的要求进行。

04 安装桩锤时，应将桩锤运到立柱正前方2m以内，且不得斜吊。

05 作业范围内不得有非工作人员或障碍物。

06 桩机在吊有桩和锤的情况下，操作人员不得离开岗位。

07 桩机不得侧面吊桩或远距离拖桩。

08 桩锤在施打过程中，监视人员应在距离桩锤中心的5m范围以外。

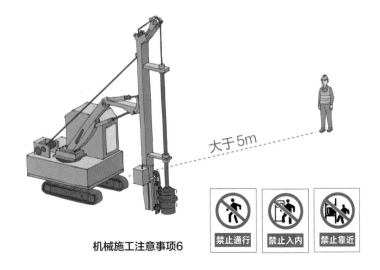

大于5m

机械施工注意事项6

禁止通行　禁止入内　禁止靠近

09 桩机作业或行走时，除本机操作人员外，不应搭载其他人员。

10 遇风速12m/s（风力6级）及以上的大风或雷雨、大雾、大雪等恶劣天气时，应停止作业。当风速达到13.9m/s（风力7级）及以上时，应将桩机顺风向停置，并按使用说明书的要求增设缆风绳或将桩架放倒。桩机应有防雷措施，遇雷电时，人员应远离桩机。

二、搅拌机的安全使用技术规程

作业区应排水通畅并设置沉淀池及防尘设施。

露天作业时应该防雨、防潮，操作台应铺设绝缘垫板，防止漏电。

料斗提升时，严禁人员在料斗下停留或通过；当人员在料斗下方进行清理或检修时，应将料斗提升至上止点并用保险销锁牢或用保险链挂牢。

搅拌机运转时，不得进行维修、清理工作。当作业人员需进入搅拌筒内作业时，应先切断电源，锁好开关箱，悬挂"禁止合闸"的警示牌，并派专人监护。

作业结束后，应将料斗降到最低位置并切断电源。

机械施工注意事项7

三、插入式振捣器的安全使用

操作人员作业时应穿戴符合要求的绝缘鞋和绝缘手套。

电缆线应采用耐气候型的橡胶护套铜芯软电缆，并不得有接头。

作业结束后，应切断电源，并将电动机、软管及振动棒清理干净。

电缆线长度不应大于30m，不得缠绕、扭结、挤压或承受任何外力。

01
02
06 插入式振捣器的安全使用 03
05 04

在检修或作业间断时，应切断电源。

振捣器不得在初凝的混凝土、脚手板或干硬的地面上进行试振。

四、钢筋机械的安全使用技术规程

 1　　使用手持式钢筋加工机械作业时，应佩戴绝缘手套等防护用品。

2　加工较长的钢筋时，应有专人帮扶，帮扶人员应听从机械操作人员指挥，不得任意推拉。

3　冷拉场地应设置警戒区，并安装防护栏及警告标志，非操作人员不得进入警戒区。作业时，操作人员与受拉钢筋的距离应大于2m。

4　操作人员不准离机过远，上盘、穿丝、引头和切断等操作都应停机进行。

5　加工每盘钢筋末尾或调直短盘钢筋时，应手持套管护送钢筋到导料器，以免钢筋自动甩动时伤人。

加工每盘钢筋末尾或调直短盘钢筋时，应手持套管护送钢筋到导料器，以免钢筋自动甩动时伤人。

机械施工注意事项8

6　切断长度在30cm以下的短钢筋时，要用钳子夹料送入刀口，严禁用手直接送料。

7　切断短料时，手和切刀之间的距离应保持在15cm以上，手握端小于40cm时，应采用套管或夹具将钢筋短头压住或夹牢。

切断短料时，手和切刀之间的距离应保持在15cm以上，手握端小于40cm时，应采用套管或夹具将钢筋短头压住或夹牢。

机械施工注意事项9

8　机械运转时，严禁用手直接清除切刀附近的断头和杂物，钢筋摆动周围和切刀周围不得有非操作人员。

9　发现机械运转有异常或切刀歪斜等情况时，应立即停机检修。

五、带锯机的安全要点与使用

01　操作人员开动带锯机前，必须检查锯条有无裂纹、扭曲和锯条的松紧程度。

02　使用带锯机作业时，不得加工超过机械规定限度尺寸的木材，加工较长木材时，必须有协助人员协助工作。

03　不得用潮湿或带油的手指接触启动开关和启动电气设备，发生电气设备故障或损坏时不得擅自拆卸检查。

04　使用平台式带锯机时，操作人员要配合得当，上手不得将手送进台面范围内，下手应等料头出锯20cm后方可接料。

六、圆锯机的安全要点与使用

1　必须紧贴靠尺送料，不得用力过猛，遇硬节疤应慢推，必须待出料超过锯片15cm方可上手接料，不得用手硬拉。木料接近尾端时，要由下手拉料，不要由上手直接推送，推送时应使用短木板顶料，防止推空锯手。

② 木料较长时，需两人配合操作。操作中，推料一端距锯20cm就要放手；下手必须待木料超过锯片20cm以外时，方可接料。接料后不要猛拉，应与送料配合。

③ 截断木料和锯短料时，必须用推杆送料，不准用手直接进料，进料速度不能过快。下手接料必须用刨钩。木料长度不足50cm的短料，禁止上锯。

④ 不得戴手套使用各种木工机具。

七、平刨（手压刨）的安全要点与使用

① 刀轴转速2500～4000r/min。平刨必须用圆柱形刀轴，刨刀刃口伸出量不得超过刀轴外径1.1mm。

② 除专业木工外，其他工种人员不得操作。

③ 使用前，应空转运行，转速正常无故障时，才可进行操作。刨料时，应双手持料；按料时应使用工具，不要用手直接按料，防止木料移动、手按空，发生事故。

④ 长度短于20cm的木料不得使用平刨，超过1m的木料，应由两人配合操作。

（5） 需调整刨口和检查维修时，必须拉闸切断电源，待机械完全停止转动后再操作。

（6） 不要用手直接擦抹台面上的刨花，刨刀周围的刨花应及时清除。

（7） 平刨使用时，必须装设灵敏可靠的安全防护装置。防护装置安装后，必须由专人负责管理，不得以任何理由拆掉。

附　木工机械安全检查表

序号	检查项目	检查内容	检查结果
1	限位装置	齐全完好，灵敏可靠	
2	夹紧装置	完好有效，工作可靠	
3	锁紧机构	安装牢固，工作可靠	
4	吸尘装置	完好有效	
5	锯条、锯片、砂轮	正规厂家生产 有产品合格证 无裂纹或变形等缺陷	
6	锯片接头	牢固、平整、无裂纹	
7	电气设备	接地（零）装置可靠 机床灯电源采用安全电压	
8	安全装置	容易飞出伤人的设备及碎屑防护装置要安全可靠 转动部位的防护网、罩、栏齐全，安全可靠	

续表

序号	检查项目	检查内容	检查结果
9	作业行为检查	木料中有遗留的铁钉等硬性物体时，要及时清除，否则不准加工	
		锯片旋转时，禁止直接用手清除锯片两边的木块、杂物	
		检修、调整机器必须在机器停止运转后进行	
10	设备安全	刀轴转速应根据加工材料的外形、尺寸和结构而定，不可过高，以防材料飞出伤人	
11	作业环境	作业场所照明充足	
		作业场所必须配备防火器材	

整理自微信公众号"每日安全生产"。

八、其他机械的安全要点与使用

1 金属切削机床及砂轮

　　零部件故障检查重点为传动轴、轴承、齿轮、叶轮。砂轮机正面应装设不低于1.8m的防护挡板。直径大于等于20cm的砂轮装上法兰盘后应先做平衡调试，法兰盘直径不小于被安装砂轮直径的1/3，砂轮磨损到直径比法兰盘直径大1cm时应更换。砂轮防护罩开口角度在主轴水平面以上不超过65°、大于等于30°时应设挡屑屏板，砂轮圆周表面与挡板间隙应小于6mm。砂轮直径在15cm以上时必须设置可调托架，砂轮与托架之间距离应小于被磨工件最小外形尺寸的1/2，但最大不应超过3mm。使用砂轮机时严禁戴手套，禁止用砂轮侧面磨削材料，不准在正面操作或多人共同操作。

使用无防护罩砂轮机。在砂轮机正面作业。钻床加工工具不使用卡具，不戴护目镜。

机械施工习惯性违章行为

靠山　推料杆　护罩

2 锻压与冲剪机械

锻造有热锻、温锻、冷锻三种方式。防护罩应用铰链安装在锻压设备的不动部件上。设备的紧急停止按钮为红色，位置在启动按钮上方1～2cm处。设备的高压蒸汽管道上应安装安全阀和凝结罐，安全阀的重锤必须封在带锁的锤盒内。重力式蓄力器应装荷重位置指示器。冲压作业使用的安全工具（弹性夹钳、专用夹钳、磁性吸盘、真空吸盘、气动夹盘）应配置齐全，并确保能有效使用。

3 剪板机

剪切厚度小于1cm为机械传动，大于1cm为液压传动。剪板机禁止独自操作，应2～3人共同操作并确定一人指挥。不得同时剪切两种不同规格、材质的板料，不得叠料。

附 冲、剪、压机械安全检查表

序号	检查项目	检查内容	检查结果
1	离合器	灵敏可靠 单次行程操作时无连冲现象	
2	制动器	灵敏可靠，与离合器相互协调、联锁	

续表

序号	检查项目	检查内容	检查结果
3	紧急停止按钮	紧急停止按钮在规定位置，灵敏、醒目	
4	传动外露部分防护装置	齐全可靠，安装牢固	
5	脚踏开关	外露部分的上部及两侧有防护罩 脚踏板有防滑措施	
6	安全防护装置	危险部位有防护措施且可靠有效 设备上有合适的局部照明 高大设备的最高处设有红色指示灯显示，且涂以黄黑相间的条纹图案	
7	接地（零）装置	有接地（零）线	
8	操作规程	物料摆放整齐 操作人员穿戴好工作服、防护用品 操作时手不得伸入危险区域内 完工后及时切断电源	

整理自微信公众号"每日安全生产"。

附　手持电动工具安全检查表

序号	检查项目	检查内容	检查结果
1	电源线	绝缘良好，无接头，长度不大于6m 采用三芯或四芯多股铜芯橡胶（或塑料）护套软电缆	
2	开关	开关灵敏、可靠无破损，规格与负载匹配	
3	绝缘电阻	Ⅰ类工具大于2MΩ，Ⅱ类工具大于7MΩ，Ⅲ类工具大于1MΩ 每年测量一次并做记录	

续表

序号	检查项目	检查内容	检查结果
4	防护罩	防护罩、盖和手柄防护装置无破裂、变形或松动	
5	漏电保护器	Ⅰ类工具配备漏电保护器且有可靠的接地（零）措施	
		潮湿场所使用Ⅱ类工具须配备漏电保护器	
6	其他	工具有安全认证标志	
		工具存放在干燥、无有害气体或腐蚀性物质的场所	
		工具的电源线不任意接长或拆换，当电源离操作点较远时采用耦合器连接	
		插头、插座中的接地极只单独连接保护线	
		使用前必须测量绝缘电阻。如果绝缘电阻小于规定的数值，必须进行干燥处理或维修，检查合格后，方可使用	
		无绝缘损坏、电源线护套破裂、保护线脱落、插头插座裂开或有损于安全的机械伤等故障	

整理自微信公众号"每日安全生产"。

机械操作常见违章行为

本章事故案例

▼

某起重伤害事故

详见二维码

综合练习题

判断题

1. 机动的起重机械或受力较大的起重吊装不得使用麻绳。

2. 钢丝绳使用中不得发生锐角曲折、挑圈，防止被夹或压扁。

3. 卸甲不得超负荷使用，卸甲的纵向、横向间距均可承受拉力。

4. 绳夹固定钢丝绳时可以正反交错排列。

5. 起重吊装作业时，严禁任何人在重物下行走或逗留。

6. 卷扬机应在司机操作方便的地方安装能迅速切断总控制电源的紧急停止开关，可以使用倒顺开关。

7. 塔式起重机装拆作业前必须进行安全技术交底，装拆作业中各工序应定人定岗，定专人统一指挥。

8. 塔式起重机装拆作业设专人监护后，可以不设置警戒线。

9. 塔式起重机装拆作业时，参与装拆作业的人员应听从指挥，如发现指挥信号不清或有错误时应停止作业。

10. 拆卸塔式起重机时，可以先行拆卸相应的附着装置。

11. 起吊物件时，吊装作业半径内严禁站人。

12. 起重机械无制动和逆止装置或制动装置失灵、不灵敏应停止吊装。

13. 塔式起重机司机要与现场指挥人员配合好。司机只听从指挥发出的紧急停止信号。

14. 施工升降机可以载人、载物，而物料提升机只能载物。

15. 施工升降机和物料提升机工作中突然断电时，司机应将控制器手柄或按钮置于零位后离开操纵位置。

16. 吊篮操作人员应无不适应高处作业的疾病和生理缺陷，酒后、过度疲劳、情绪异常者不得上岗。

17. 吊篮操作人员不得穿拖鞋或塑料底鞋等易滑鞋进行作业。

18. 吊篮操作人员可以在作业面进出悬吊平台。

19. 推土机可以推石灰、烟灰等粉尘物料，可以进行碾碎石块的作业。

20. 装载机铲斗提升到最高位置时，不得运输物料。

21. 装载机转向架未锁闭时，严禁站在前后车架之间进行检修或保养。

22. 用挖掘机平整场地时，不得用铲斗进行横扫或用铲斗对地面进行夯实。

23. 光轮压路机随时都可以用水增重。

24. 压路机不得用来拖拉任何机械或物件。

25. 桩机作业区应有明显警示标志或围栏，非工作人员不得进入。

26. 桩机作业前，应由项目负责人向作业人员做详细的安全技术交底。

27. 为了方便施工作业，桩机可以从侧面吊桩或远距离拖桩。

28. 搅拌机料斗提升时，严禁人员在料斗下停留或通过。

29. 需在搅拌机料斗下方进行清理或检修时，应将料斗提升至上止点，且必须用保险销锁牢或用保险链挂牢。

30. 搅拌机作业结束后，应将料斗降到最低位置并切断电源。

31. 插入式振捣器电缆线应采用耐气候型橡胶护套铜芯软电缆，如果不够长可以将接头接长使用。

32. 使用手持式钢筋加工机械作业时，应佩戴绝缘手套等防护用品。

33. 截断木料和锯短料时，必须用推杆送料，不准用手直接进料，进料速度不能过快。

34. 现场施工人员可以利用起重机将一半埋在地下的物件吊拔出来。

35. 施工升降机的围栏门应装有机电联锁装置，使吊笼只有位于底部规定位置时围栏门才能打开，且门打开后吊笼不能启动。

36. 物料提升机应装设极限位置限位器，吊笼的越程应不小于3m。

37. 卷扬机安装位置应选择视野开阔的地方，便于卷扬机司机和指挥人员观察。

38. 塔式起重机将重物吊运到高处后，为了节约能源，吊钩应该自由下滑。

39. 起重吊运过程中，如果突然停电，应立即将所有控制器扳回零位，切断总开关，然后再采取其他安全措施。

40. 使用机械进行挖土、铲运、装车等作业时，必须划出危险区域，非施工人员不得入内。

41. 吊篮操作人员必须有两人，不允许单独一人作业，以便突然停电时，可二人分别操作手动下降装置落地。

填空题

1. 钢丝绳按捻制方法分为（　　）钢丝绳三种。

2. 塔式起重机装拆作业时，操作室内应只准（　　）人操作。

3. 塔式起重机装拆作业时，附着装置的（　　）应有专人负责。

4. 钢丝绳卷绕在卷筒上的安全圈数不得少于（　　）圈。

5. 两台塔式起重机之间的最小架设水平安全距离和垂直安全距离不应小于（　　）m。

6. 吊篮工作处阵风风力大于（　　）时，操作人员不准上吊篮操作。

7. 吊篮的任何部位与输电线的安全距离小于（　　）时，不得作业。

8. 在深沟、基坑或陡坡地区作业时，当垂直边坡高度大于（　　）时，应放出安全边坡，同时禁止用推土刀侧面推土。

9. 多台推土机在同一地区作业时，前后距离应大于（　　），左右距离应大于1.5m。

10. 铲运机在作业中，严禁人员（　　）。

11. 多台铲运机联合作业时，应遵守（　　）原则。

12. 挖掘机应停稳后再进行挖土作业。当铲斗未离开工作面时，不得（　　）等。

13. 压路机按其压实原理可分为（　　）三种。

14. 多台压路机同时作业时，前后间距不得小于（　　），在坡道上不得纵队行驶。

15. 桩锤在施打过程中，监视人员应在距离桩锤中心的（　　）范围以外。

16. 当作业人员需进入搅拌筒内作业时，应先切断电源、锁好开关箱，悬挂"（　　）"的警示牌并派专人监护。

17. 插入式振捣器的电缆线长度不应大于（　　）。

18. 钢筋加工机械操作人员不准离机过远，（　　）时都应停机进行。

19. 长度在（　　）以下的短钢筋切断时要用钳子夹料送入刀口，严禁用手直接送料。

20. 使用平刨时长度超过（　　）的木料，应由两人配合操作。

21. 操作手拉葫芦进行吊物时，不要直接起吊，应吊至离地面（　　）时停顿一下以确保吊绳无异常。

▌选择题

1. 以下使用卷扬机的行为中，（　　）是正确的。

    A. 卷扬机运行时，卷筒上钢丝绳重叠，操作人员用脚将钢丝绳踩平

    B. 休息时将吊笼降到地面　C. 操作人员跨越运行的卷扬机

2. 物料提升机严禁（　　）。

    A. 吊运材料　B. 吊运已载有混凝土的手推车　C. 载运工人

3. 操作（　　）时，操作工不能戴手套。

    A. 冲床　B. 剪床　C. 钻床

4. 铲车不能进行（　　）。

    A. 短距离运输散装物料　B. 挖掘作业　C. 装载作业

5. 下列行为错误的是（　　）。

    A. 起吊重物先试吊，确认无危险后再起吊

    B. 用钢丝绳将氮气瓶两端绑扎牢固后直接起吊

    C. 起吊过程中遇突然停电，将所有控制器手柄扳回零位

6. 操作木工圆锯机时，下列属违章行为的是（　　）。

    A. 手臂越过锯片上方拿取木料　B. 锯片旋转时，用长木棒清除台面杂物

    C. 用木棍推送木料

7. （多选题）桥式起重机吊着重物行走时，应遵守（　　）。

    A. 禁止重物从人和设备的上方通过

    B. 重物通过路线上没有障碍物时，重物底部离地面2m以上

    C. 起重机上禁止人停留

8. 使用门式起重机露天作业时，当风力达到（　　）级以上时应停止作业。

    A. 5　B. 6　C. 7

9. 操作叉式起重车时，除司机外（　　）。

    A. 可载最多1人　B. 不能载人　C. 可无限制载人

▌思考题

1. 吊钩出现哪些情况时应报废？

2. 起重吊装"十不吊"的具体内容是哪些？

参考答案

判断题

1. √

2. √

3. ×（解析：卸甲横向间距不得受拉力）

4. ×（解析：绳夹要一顺排列，不得正反交错）

5. √

6. ×（解析：不得使用倒顺开关）

7. √

8. ×（解析：装拆作业应设专人监护并设置警戒线）

9. √

10. ×（解析：应随着降落塔身的进程拆卸相应的附着装置，严禁在落塔之前先拆附着装置）

11. √

12. √

13. ×（解析：司机应听从任何人发出的紧急停止信号）

14. √

15. ×（解析：应将控制器手柄或按钮置于零位，司机不得擅自离开操纵位置）

16. √

17. √

18. ×（解析：必须在地面进出悬吊平台，严禁在空中攀沿窗口出入，严禁从一个悬吊平台跨入另一个悬吊平台）

19. ×（解析：不得用推土机推石灰、烟灰等粉尘物料，不得进行碾碎石块的作业）

20. √

21. √

22. √

23. ×（解析：气温降至0℃及以下时，不得用水增重）

24. √

25. √

26. √

27. ×（解析：桩机不得从侧面吊桩或远距离拖桩）

28. √

29. √

30. √

31. ×（解析：不得有接头）

32. √

33. √

34. ×（解析：埋在地下物不准吊。

埋在地下的东西或者是重物与地面设置有牵连的重物，在起吊时会对行车造成毁灭性的损坏，一定要确认起吊重物与地面设置分开，否则很容易造成车辆报废）

35. √

36. √

37. √

38. ×（解析：除非采取可靠措施，否则吊钩不允许自由下滑）

39. √

40. √

41. √

▌填空题

1. 单绕、双绕和三绕

2. 一

3. 安装、拆卸、检查和调整

4. 5

5. 2

6. 5级

7. 10m

8. 2m

9. 8m

10. 上下机械、传递物件、坐在铲斗内、坐在拖把上、坐在机架上

11. 下坡让上坡、空载让重载、支线让干线

12. 回转、行走

13. 静作用压路机、振动压路机、夯击压实机械

14. 3m

15. 5m

16. 禁止合闸

17. 30m

18. 上盘、穿丝、引头和切断

19. 30cm

20. 1m

21. 15cm

▌选择题

1. B

2. C

3. C

4. B

5. B

6. A

7. A、B、C

8. B

9. B

▌思考题

1.

（1）表面有裂纹时。

（2）吊钩危险断面磨损达原尺寸的10%。

（3）开口度比原尺寸增加15%。

（4）扭转变形超过10°。

（5）危险断面或钩颈部产生塑性变形。

（6）板钩衬套磨损达原尺寸的50%时，应报废衬套。

（7）板钩心轴磨损达原尺寸5%，应报废心轴。

2.

（1）超载不吊。

（2）六级以上强风不吊。

（3）散装物装得太满或捆扎不牢不吊。

（4）安全装置失灵不吊。

（5）吊物上站人不吊。

（6）斜吊不吊。

（7）指挥信号不明不吊。

（8）埋在地下的构件不吊。

（9）光线阴暗看不清吊物不吊。

（10）吊物边缘无防护措施不吊。

4

第四章

土方和基坑工程、模板和脚手架安装施工安全要点

　　土方工程施工具有工程量大、劳动繁重和施工条件复杂等特点，又易受气候、水文、地质、地下障碍等因素的影响，不确定的因素较多，有时施工条件极为复杂。基坑工程是一个综合性的岩石工程难题，既涉及土方力学中典型的强度、稳定及变形问题，又涉及土方与支护结构的共同作用问题，是临时性工程，因此如何在安全与经济之间寻求平衡是十分重要的课题。模板工程是混凝土结构工程施工中的重要部分，施工过程中若模板支架因设计或施工缺陷不具备足够的承载能力，就会导致坍塌、引发安全事故。脚手架可大致分为传统脚手架和盘扣式脚手架，规范使用脚手架是施工安全的有力保障。本章主要介绍土方工程、基坑工程、模板和脚手架安装施工安全要点。

第一节　土方开挖施工安全要点

土方工程施工往往具有工程量大、劳动繁重和施工条件复杂等特点，又易受气候、水文、地质、地下障碍等因素的影响，不确定的因素较多，有时施工条件极为复杂。土方工程主要涉及土方开挖，应注意以下安全要点。

1 人工开挖时，两名操作人员间应保持2~3m距离，且应自上而下逐层挖掘，严禁先挖坡脚。

危险，不要在这里掏挖，赶紧出来！

挖掘处上方土壤易坍塌

严禁采用掏洞方式进行挖掘

土方开挖注意事项1

2 土方开挖时要随时注意土壁变动的情况，如发现有裂纹或部分塌落现象，要及时进行支撑或改缓放坡，同时注意边坡的变化和支护（支撑）系统的稳固性。

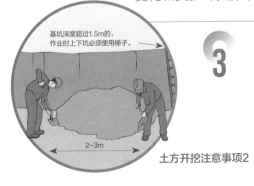

基坑深度超过1.5m的，
作业时上下坑必须使用梯子。

2~3m

土方开挖注意事项2

3 上下坑沟应先挖好阶梯或设梯子（基坑深度超过1.5m的，作业时上下坑必须使用梯子），不应踩踏土壁及其支撑上下。

4　用挖土机施工时，挖土机的工作范围内，不得进行其他工作。

5　在坑边堆（停）放弃土、材料和移动施工机械时，应与坑边保持一定距离，按规定堆（停）放。

6　在斜坡上方弃土时，应保证挖方边坡稳定。人工挖土时，弃土堆离沟边0.8m以上，堆土高度不能超过1.5m。机械挖土时，在坑深与坑边1∶1的距离范围内严禁堆载土方，以减少坑边荷载。

7　滑坡地段开挖土方，不宜在雨期施工，同时不应破坏坡上的自然植被，且应事先做好地面和地下排水设施。

8　遵循先整治、后开挖的施工顺序，在爆破施工时，应严防因爆破震动产生滑坡。

9　抗滑挡土墙要尽量在旱季施工，基槽开挖应分段进行并加设支撑，开挖一段就要做好一段的挡土墙。

10　开挖过程中如发现滑坡迹象（如裂缝、滑动等）时，应暂停施工，必要时，所有人员和机械要撤至安全地点。

第二节 基坑工程施工安全生产要点

基坑工程是一个综合性的岩石工程难题，既涉及土方力学中典型的强度、稳定及变形问题，又涉及土方与支护结构的共同作用问题。基坑支护与桩基础、地基处理工程不同，它是临时性工程，因此如何在安全与经济之间寻求平衡对于施工企业来说也是十分重要的课题。基坑工程施工中要注意的安全要点如下：

01 事先评估基坑开挖的环境效应，开挖前深入了解周围环境，开挖时设专人监护。

02 重视坑内及地面的排水，减少雨水渗入，确保开挖后土体不受雨水冲刷；在开挖期间若发现基坑外围土体出现裂缝，应及时用水泥砂浆灌堵，以防雨水渗入导致土体强度降低。

03 挖出的土方、水泥等建筑材料和大型施工机械不宜堆（停）放在坑边，应尽量减少坑边的地面堆载。

04 当使用机械开挖时，应注意地下管线，严禁野蛮施工和超挖，挖土机的挖斗严禁碰撞支撑系统。

土方开挖注意事项3

05 当围护体系采用钢筋混凝土或水泥土时，基坑土方开挖应注意其等效养护龄期，以保证其达到设计强度。

06 不得向坑内作业人员抛掷工具。

07 挖土机械和运输车辆不得直接在支撑系统上行驶或作业；支撑系统未考虑施工机械作业荷载时，严禁人员在底部已经挖空的支撑上行走或作业。

08 基坑周边堆载不得超过设计值，堆放土方、建筑材料或沿挖方边缘移动运输工具和机械时，应按施工组织设计要求进行，坑边严禁重型车辆通行。

09 基坑周边应设防水围挡和安全防护栏杆。深基坑应先挖好阶梯或支撑靠梯，或开斜坡道采取防滑措施，禁止踩踏支撑系统上下。

10 挖掘机械斗下面不得站人，卸土堆应与坑边保持一定距离，以防造成坑壁塌方、人员坠落或机械倾翻。

11 基坑开挖时，如发现边坡裂缝或土块掉落，施工人员应立即撤离操作地点并及时分析原因，采取有效措施处理。

土方开挖注意事项4

12 应事先评估基坑开挖的环境效应，开挖前深入了解周围环境，开挖时设专人监护。

13 基坑开挖后应根据不同情况对围护排桩的桩间土体采用砌砖、插板、挂网喷（抹）细石混凝土等方法进行保护，防止桩间土方坍塌伤人。

14 挖掘机行走和自卸车卸土时，不得在架空输电线路下；如需在架空输电线110～220kV电压一侧工作，垂直安全距离为至少2.5m，水平安全距离为4～6m。

15 夜间作业时，挖掘机机上及其作业地点必须有充足的照明，在危险地段应设置明显的警示标志和护栏。

16 机械挖土应分层进行，合理放坡，防止塌方、溜坡等造成机械倾翻、压埋等事故。

17 多台挖掘机在同一作业面机械开挖时，间距应大于10m；多台挖掘机械在不同台阶同时开挖，应确保边坡稳定，上下台阶的挖掘机前后应相距30m以上，挖掘机离下部边坡应有一定的安全距离，以防翻车。

18 在有支撑系统的基坑中挖土时，必须防止碰坏支撑系统，在坑、沟边使用机械挖土时，应计算支撑强度，危险地段应加强支撑系统强度。

19 机械施工区域禁止无关人员进入，挖掘机工作回转半径范围内不得站人或进行其他作业，土方爆破时，人员及机械设备应撤离危险区域。

机械回转半径内不能随意穿行。

土方开挖注意事项5

20 挖掘机操作和土方车装土、行驶都要听从现场指挥；所有车辆必须严格按规定的路线行驶，以防撞车。

21 遇7级以上大风或雷雨、大雾天时，各种挖掘机应停止作业，并将臂杆降至30°～45°。

第三节 模板工程施工安全要点

模板工程是混凝土结构工程施工中的重要部分，施工过程中若模板支架因设计或施工缺陷不具备足够的承载能力，就会导致坍塌、引发安全事故。

一、模板组成与分类

模板通常由三部分组成：模板面、支撑结构和连接配件。

常用的模板按功能可以分为定型组合模板（包括定型组合钢模板、钢木定型组合模板、组合铝模板以及定型木模板，目前使用较多的是定型组合钢模板）；一般木模板；墙体大模板、飞模和滑动模板。

二、各类模板安装安全要点

模板安装根据结构又分为基础及地下工程模板安装、柱模安装、墙体模板安装、独立梁和楼盖梁模板安装、楼板和平台模板安装、楼梯模板安装和其他模板安装，其中共同的安全要点如下：

在模板工程施工之前，工程技术负责人应按专项施工方案向施工人员进行安全技术交底。

 不同材料的支架或不同直径的钢管均不得混用，使用前应逐个检查扣件，不得使用不合格产品。

 安装支架时，必须采取防倾倒（覆）的临时固定设施，工人在操作过程中必须有可靠的防坠落安全措施。

 结构逐层施工时，要保证下层楼板能够承受上层的施工荷载。

 吊运模板时，必须码放整齐、捆绑牢固。

 立杆底端应设置底座和通长木垫板，垫板的长度应大于立杆的间距，板厚不应小于5cm，板宽不应小于20cm。

 支架立杆必须设置纵、横向扫地杆，纵向扫地杆距离底座不应大于20cm，横向扫地杆设置在纵向扫地杆下方。

 立杆必须采用对接扣件接长。立杆的对接扣件应交错布置，相邻两根立杆的接头不应设置在同一步距内。

 当搭设模板、支架的高度超过4m时，宜采用水平支撑和剪刀撑将相邻柱模连成一体，形成完整、稳定的模板框架体系。

 竖向剪刀撑和水平剪刀撑的斜杆应靠近支架主节点，剪刀撑斜杆与地面的夹角应为45°～60°。

自上而下安装拼装的定型模板时，下层模板全部紧固后方可安装上层模板。

安装圈梁、阳台、雨篷及挑檐等模板时，其支撑应独立设置在建筑结构或地面上，不得支搭在施工脚手架上。

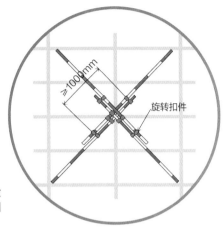

≥1000mm

旋转扣件

**剪刀撑搭设
方法示意图**

安装悬挑结构模板时，应搭设操作平台，平台上应设置防护栏杆和挡脚板并用密目式安全网围护。

在模板支架上进行焊接作业时，应先办理动火证，采取防火措施并派专人监管；未办理许可、监护人员不在现场、安全措施未落实时不得进行焊接作业。

三、各类模板拆除安全规定

安全帽

全方位安全带

防滑鞋

**拆除模板、
脚手架
注意事项**

1
模板拆除应填写拆模申请表，经工程技术负责人批准后方可实施。

2
拆除模板时，操作人员应佩戴安全帽、系安全带、穿防滑鞋。

③	④	⑤
模板的拆除应按专项施工方案进行，并设专人指挥。多人同时操作时，应明确分工、统一行动，且应有足够的操作面。作业区应设围栏，非拆模人员不得入内，并设专人监护。	在拆模时应逐块拆卸，不得成片撬落或拉倒。拆除作业面遇有临边、洞口时，应装设防护栏杆、覆盖盖板等。工作人员进行高处作业应正确佩戴安全帽、系安全带。	使用人字梯时要使用橡皮包脚防滑并保证地面平整，没有防滑垫的梯子应有专人扶牢。人字梯底脚开档的阔度应不小于梯高的2/5，开档间必须用保险链挂牢。两手握有重物时不可上下梯子，梯子顶档一级不可站立作业。

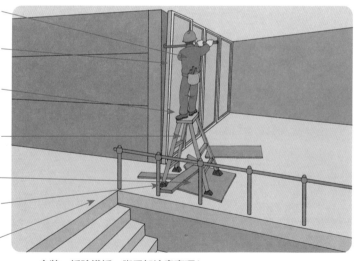

应按规定佩戴安全帽和安全带

逐块拆卸，不得成片撬落或拉倒

梯子顶档一级不可站立作业

人字梯开脚阔度，不小于梯高的2/5，开档间必须用保险链挂牢

保持地面平整

梯子一定要用橡皮包脚防滑

临边洞口应盖板覆盖

安装、拆除模板、脚手架注意事项1

6 遇6级及以上大风，应停止室外的模板工程作业；5级及以上风应停止模板工程的吊装作业；遇雨、雪、霜后应先清理施工作业场所后方可施工。

7 严禁在模板支架基础及其附近进行土方开挖。

8 模板拆除后应立即清理并分类，按施工平面图位置码放整齐。

第四节　脚手架工程施工安全要点

一、脚手架工程概述

1 传统脚手架

传统脚手架按其支固形式，可分为落地式脚手架、悬挑式脚手架、附墙悬挂脚手架、悬吊式脚手架、附着式升降脚手架等。

> 落地式脚手架是指搭设在地面、楼面、屋面或其他平台结构上的脚手架。

> 悬挑式脚手架是采用悬挑方式支固的脚手架，按悬挑方式又可分为架设于专用悬挑梁上的、架设于专用三角桁架上的和架设于支撑拉杆件组合的支挑结构上的三种。

> 附墙悬挂脚手架是指上部或中部挂设于墙体上的定型脚手架。

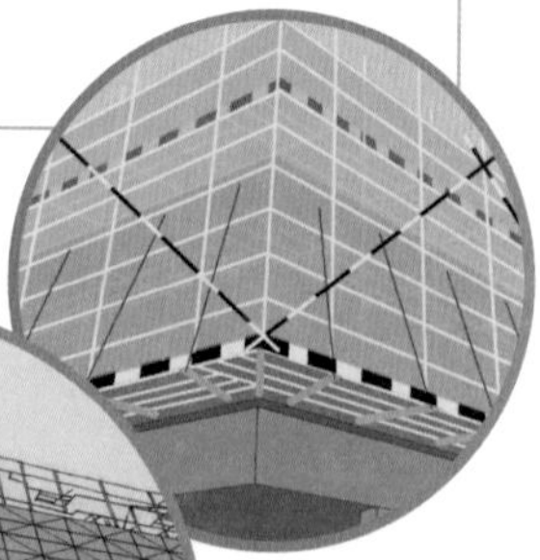

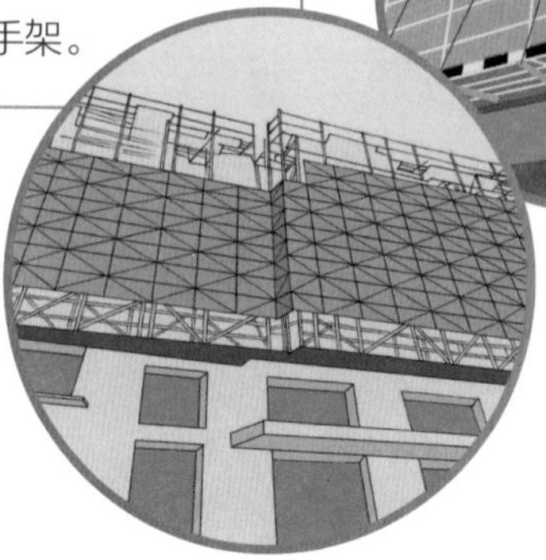

模板、脚手架安装要求1

悬挑式脚手架图例

> 悬吊脚手架是指悬吊于悬挑梁或工程结构之下的脚手架。当采用篮式作业架时，也称为吊篮。

> 附着式升降脚手架是指附着于工程结构之上、依靠自身的提升设备实现升降的悬空脚手架，又因能够实现整体的提升而被称为整体式提升脚手架。

附着式升降脚手架图例

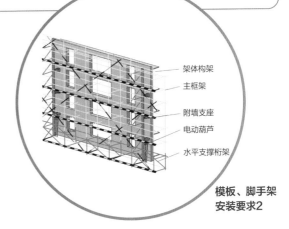

- 架体构架
- 主框架
- 附墙支座
- 电动葫芦
- 水平支撑桁架

模板、脚手架安装要求2

② 盘扣式脚手架

　　盘扣式脚手架与传统脚手架相比具有以下特点和优势：

详见二维码

1	2	3	4	5	6	7
技术成熟先进，连接牢固、结构稳定、安全可靠。	原材料升级，强度高于传统脚手架的普碳钢管。	采用热镀锌工艺更美观，有利于施工单位提升整体形象。	具有可靠的品质，产品精度高、互换性强、质量稳定可靠，满足脚手架搭设的各种连接要求。	搭设更安全，高效，承载力大。	用量少、重量轻。	组装快捷、使用方便、节省成本，效益更高。

二、各类脚手架的搭设与拆除安全要点

由于国家相关部委政策调整，盘扣式脚手架已经在全国各地陆续推广使用，但是传统脚手架依然有一定的使用面。因此，下面简单介绍脚手架搭设、使用和拆除过程中的安全使用要求。

 搭设前的准备工作要点

> 钢管扣件式脚手架施工前，应严格按照《建筑施工扣件式钢管脚手架安全技术规范》JGJ 130—2011的规定对其结构构件与立杆地基承载力进行设计计算，并编制专项施工方案。

> 对进场的钢管、扣件和脚手板应进行质量和标识验收，在监理见证下取样并送往有资质的检测机构进行检测。不得使用质量检测不合格的钢管、扣件。

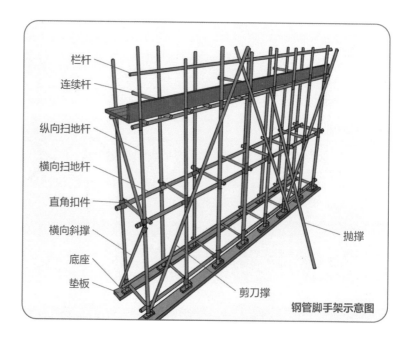

栏杆
连续杆
纵向扫地杆
横向扫地杆
直角扣件
横向斜撑
底座
垫板
剪刀撑
抛撑

钢管脚手架示意图

架子工属于特种作业人员，必须经建设主管部门考核合格，取得建筑施工特种作业操作资格证后方可上岗。

架子工作业时应穿着软底胶鞋和工作服，高处作业时必须佩戴安全带，所用的工具等应放在工具包或相应的工具套内，高处作业还应配有防止工具坠落的牵绳。

脚手架搭设前应具备必要的技术文件，如脚手架的施工简图（平面布置、几何尺寸）、连墙件构造、立杆基础、地基处理要求等，应由单位工程负责人按施工组织设计中有关脚手架的要求向搭设工人和施工人员进行安全技术交底。

对脚手架的搭设场地要先进行清理、平整，并保证排水畅通，对高层脚手架或搭设于荷载较大而场地地基较软的脚手架还应按设计要求对场地地基进行加固处理，如原土夯实、加设垫层（碎石或素混凝土）等。

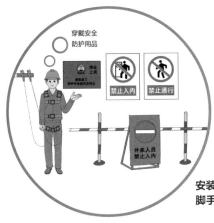

安装、拆除模板、脚手架注意事项2

悬挑式脚手架搭设前，必须在搭设脚手架的下方设置警戒标志、警戒线，由专人监护。严禁在脚手架搭设的下方作业或停放机械、设备。

附着式升降脚手架搭设一般借助落地脚手架或地面的辅助设施，搭设前必须对下部的落地式脚手架或辅助设施进行检查和加固，还应确认被附着的建筑主体结构的混凝土墙体、混凝土柱梁的强度是否达到设计强度。

各类脚手架搭设和使用过程中的注意事项

1 脚手架必须配合施工进度搭设，一次搭设高度不应超过相邻连墙件以上两步。

未按规定
使用安全带

脚手架上跳板
一定要绑扎牢固。

脚手架上施工注意事项1

2 脚手架搭设过程中，必须随脚手架的高度同步设置连墙件、脚手板或竹笆、防护拦杆、密目式安全网、踢脚板 等。严禁外径48mm与51mm的钢管混合使用。

在脚手架上进行电、气焊接作业时，必须办理动火手续并有防火措施和安全监护。

3 在脚手架上进行电、气焊接作业时，必须办理动火手续并有防火措施和安全监护。

脚手架上施工注意事项2

4 悬挑式脚手架第一步搭设完成以后，应及时在悬挑钢梁或附着三角支架的下方安装安全平网。如悬挑式脚手架附近有居民区、学校、医院、交通要道等，应在安全平网的上方覆盖一层密目式安全网或防尘网。

5 严禁随意扩大悬挑式脚手架的使用范围或在脚手架上大量堆料、堆物或堆放机械设备。

6 附着式升降脚手架应采用有足够强度和适当刚度的架体结构，安全可靠、能够适应工程结构特点的附着结构，安全可靠的防倾覆、防坠落装置，有保证架体同步升降和监控升降荷载的控制系统，可靠的升降动力设备；应设置有效的安全防护以确保架体上操作人员的安全，还要防止架体上的物料坠落伤人。

7 附着式升降脚手架的同步及荷载控制系统应通过控制各提升设备间的升降差和荷载来控制各提升设备的同步性，且应具备超载时报警停机、欠载时报警等功能。

8 附着式升降脚手架的升降动力设备应满足其使用工作性能的要求，升降吊点超过两点时不能使用手拉葫芦，升降动力控制台应具备相应的功能并符合相应的安全规程。

9 同一幢楼中使用的升降动力设备、同步与荷载控制系统及防坠装置等专项设备，应采用同一厂家、同一规格型号的产品。

10 附着式升降脚手架的动力设备、控制设备、防坠装置等，应采取防雨、防砸、防尘等措施。

11 在升降和使用两种情况下，位于同一竖向平面的防倾覆装置均不得少于两处，且其最上和最下一个防倾覆支承点之间的最小间距不得小于架体全高的1/3。

12 附着式升降脚手架的控制中心应设专人负责操作，禁止其他人员操作。升降过程中应实行统一指挥，升降指令只能由总指挥一人下达，但当有异常情况出现时，任何人均可发出立即停止指令。

13 严禁操作人员停留在架体上，特殊情况确实需要停留时，必须采取有效的安全防护措施，并由建筑安全监督机构审查后方可实施；正在升降的脚手架下部严禁有人进入并应设专人负责监护。

14 附着式升降脚手架升降到位后，必须及时按要求进行附着固定，在没有完成架体固定工作前，施工人员不得擅自离岗，未办交付使用手续的脚手架不得投入使用。

15 每次升降工作完成后必须进行预检和验收，首次搭设完毕并通过预检和验收后应报送市有关部门进行检测。未经验收、检测不合格的附着式升降脚手架，严禁投入使用。

16 每天施工结束后，应认真做到工完、料尽、场地清。

3 各类脚手架拆除过程中的安全要点

1 脚手架拆除应按专项方案施工，拆除前应对施工人员进行安全技术交底，应先清除脚手架上杂物及地面障碍物。

2 脚手架拆除必须由上而下逐层进行，严禁上下同时作业。连墙件必须随脚手架逐层拆除，严禁先将连墙件整层或数层拆除后再拆脚手架。分段拆除过程中高差大于两步时，应增设连墙件加固。

3 架体拆除作业中应设专人统一指挥，当有多人同时操作时，应明确分工、统一行动，且应具有足够的操作空间。

4 拆除时应有防止人员或物料坠落的措施，严禁抛扔物料。

要增设连墙件，严禁上下同时作业

临时防护网

必须有专人看护

脚手架上施工
注意事项3

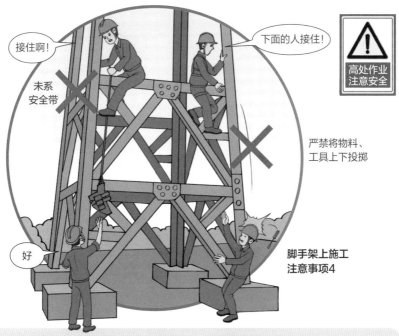

接住啊！

下面的人接住！

未系安全带

高处作业
注意安全

严禁将物料、工具上下投掷

好

脚手架上施工
注意事项4

5 运至地面的构配件应按规定及时检查、整修与保养，并按品种、规格分类存放。

6 附着式升降脚手架的拆除工作往往处于建筑的上部，危险性比较大。部分配件、构架比较重，通常依靠人力拆除后逐步移动到室内，再通过机械设备输送到地面。在拆除过程中应做好以下工作：

1 在附着式升降脚手架拆除的下方应设置警戒标志、警戒线、由专人监护。严禁在脚手架搭设的下方作业或停放机械、设备。

2 各类杆件上附着的铁丝、扣件等配件，必须同步予以拆卸；已经活动的杆件，必须一次连续拆除，不得留有隐患；拆下的杆件、设备等，应安放在安全可靠的位置，不得堆积在架体上、洞口或临边1m的范围内。

3 当脚手架尚未完全拆除而需要临时停工、休息或隔夜时，剩余的脚手架架体上的底笆或脚手板、防护栏杆、连墙件等，必须齐全、安全、牢固、有效。

4 整个拆除过程必须利用与搭设时同类的工具和器具，未经主管领导同意严禁使用非常规手段（如动用气割、焊接或其他破坏性方法等）进行拆除施工。

有人在脚手架上工作时，严禁移动或推行。

不得在阶梯、斜坡等地方推动剪式升降梯。

习惯性违章行为1

本章事故案例

2019年某市附着式升降脚手架坍塌事故

详见二维码

2018年12月，在某市新建的商务区一处工地内，发生一起基坑内局部土方坍塌事故，造成3人死亡

详见二维码

综合练习题

判断题

1. 作业人员上下坑沟可以踩踏土壁及其支撑系统。

2. 当采用机械开挖基坑时，应注意地下管线，严禁野蛮施工和超挖土方。

3. 基坑周边应设防水围挡和安全防护栏杆。

4. 夜间作业时，挖掘机机上及工作地点必须有充足的照明，在危险地段应设置明显的警示标志和护栏。

5. 基坑开挖时，如发现边坡裂缝或土块掉落，只要不严重就可以继续施工作业。

6. 支架立杆必须设置纵、横向扫地杆，横向扫地杆设置在纵向扫地杆下方。

7. 钢管支架的立杆可以采用扣件对接或搭接接长。

8. 剪刀撑斜杆与地面的夹角应为45°~60°。

9. 吊运模板时，必须码放整齐、捆绑牢固。

10. 模板的拆除作业区应设围栏，非拆模人员不得入内并由专人负责监护。

11. 在拆模时，为加快速度、确保施工进度，可以成片撬落或拉倒。

12. 模板拆除作业面遇有洞口时，应采用盖板等防护措施进行覆盖。

13. 严禁在模板支架基础及其附近进行土方开挖。

14. 架子工属于特种作业人员，必须经建设主管部门考核合格，取得建筑施工特种作业操作资格证后方可上岗。

15. 对钢管、扣件、脚手板等构配件应进行质量检查验收，不合格产品一律不得使用。

16. 脚手架拆除作业必须由上而下逐层进行，严禁上下同时作业。

17. 在脚手架上进行焊接作业时，必须办理动火手续并有防火措施和安全监护。

填空题

1. 人工挖土时，弃土堆应距沟边0.8m以上，堆土高度不能超过（   ）。

2. 人工挖土时，两名操作人员间距离应保持（   ）并自上而下逐层挖掘，严禁先挖坡脚。

3. 遇（　　）大风或雷雨、大雾时，各种挖掘机应停止作业并将臂杆降至30°～45°。

4. 基坑开挖后应对围护排桩的桩间土体，根据不同情况，采用（　　）等处理方法进行保护，防止桩间土方坍塌伤人。

5. 多台挖掘机在同一作用面机械开挖时，间距应大于（　　）。

6. 钢管立杆底端应设置底座和通长木垫板，垫板的厚度不应小于（　　），板宽不应小于（　　）。

7. 安装和拆除模板时，操作人员应（　　）。

8. 遇（　　）大风，应停止室外的模板工程作业。

9. 遇（　　）大风，应停止模板工程的吊装作业。

10. 模板拆除后应立即清理并分类，按（　　）码放整齐。

11. 脚手架必须配合施工进度搭设，一次搭设高度不应超过相邻连墙件以上（　　）。

12. 脚手架搭设过程中，必须随脚手架的高度同步设置（　　）等。

13. 运至地面的构配件应按规定及时检查、整修与保养并按（　　）分类存放。

▌思考题

1. 盘扣式脚手架的特点和优势有哪些？

参考答案

判断题

1. ×（解析：应先挖好阶梯或设木梯，不应踩踏土壁及其支撑系统上下）

2. √

3. √

4. √

5. ×（解析：施工人员应立即撤离操作地点并及时分析原因，采取有效措施处理）

6. √

7. ×（解析：必须采用对接扣件接长）

8. √

9. √

10. √

11. ×（解析：应逐块拆卸，不得成片撬落或拉倒）

12. √

13. √

14. √

15. √

16. √

17. √

填空题

1. 1.5m

2. 2~3m

3. 7级以上

4. 砌砖、插板、挂网喷（抹）细石混凝土

5. 10m

6. 5cm；20cm

7. 佩戴安全帽、系安全带、穿防滑鞋

8. 6级以上（含6级）

9. 5级以上（含5级）

10. 施工平面图位置

11. 两步

12. 连墙件、脚手板，或竹笆、防护栏杆、密目式安全网、踢脚板

13. 品种、规格

思考题

1. （1）技术成熟先进，连接牢固、结构稳定、安全可靠。

（2）原材料升级，强度高于传统脚手架的普碳钢管。

（3）采用热镀锌工艺，更美观，有利于施工单位提升整体形象。

（4）品质可靠，产品精度高、互换

性强、质量稳定可靠。满足脚
手架搭设的各种连接要求。

（5）搭设更安全、高效，承载
力大。

（6）用量少、重量轻。

（7）组装快捷，使用方便，节省
成本，效益更高。

5

第五章
施工现场综合性
作业安全要点

建筑施工现场除了前面章节所述的专业性较强的施工机械安全、模板与脚手架施工安全、土方工程施工安全外，还涉及施工现场临时用电、高处作业、焊接切割作业、现场消防动火、有限空间作业等安全内容。

第一节　高处作业与物体打击安全知识要点

建筑施工"五大伤害"是指高处坠落、触电、物体打击、机械伤害和坍塌，其中高处坠落事故数量居高不下，平均占我国建筑与房屋市政工程年生产事故总量的50%以上，因此了解高处作业安全要点尤为重要。

一、高处作业概述

《高处作业分级》GB/T 3608—2008中规定，"在距坠落高度基准面2m或2m以上有可能坠落的高处进行的作业"都称为高处作业。根据这一规定，建筑业中涉及高处作业的范围是相当广泛的。建筑物内作业时，若在2m以上的架子上进行操作，即为高处作业。

为便于在操作过程中做好防范工作，有效防止发生人与物从高处坠落的事故，根据建筑行业的特点，在建筑安装工程施工中，对建筑物和构筑物结构范围以内的各种形式的洞口与临边性质的作业、悬空与攀登作业、操作平台与立体交叉作业，以及在结构主体以外的场地上和通道旁的各类洞、坑、沟、槽等工程的施工作业，只要符合上述条件的，均作为高处作业对待，要加以防护。

按作业高度不同，《高处作业分级》GB/T 3608—2008中将高处作业划分为4个等级：Ⅰ级高处作业为2～5m（含5m），Ⅱ级高处作业为5～15m（含15m），Ⅲ级高处作业为15～30m（含30m），Ⅳ级高处作业为大于30m。

高处作业等级划分

二、高处作业安全防护要点

① 凡从事高处作业的人员应接受高处作业安全教育；特殊工种高处作业人员须持证上岗，上岗前应依据有关规定进行专门的安全技术交底；采用新工艺、新技术、新材料和新设备的高处作业，应按规定对作业人员进行相关安全技术培训。

② 高处作业人员应进行体检，合格后方可上岗。

3 ▸ 施工单位应为作业人员提供合格的安全帽、安全带等必备的个人安全防护用具，作业人员应按规定正确佩戴和使用。

4 ▸ 凡是进行高处作业施工的，应使用脚手架、平台、梯子、防护围栏、挡脚板、安全带、安全网等，并且在作业前应认真检查所用的安全设施是否牢固。

习惯性违章行为2

1995年，某高碳石墨厂发生一起重大事故，浮选车间一名脱水工因在脱水机操作台上打瞌睡，迷糊中从进料口一头栽进正在高速旋转的脱水机中，被甩出六七米远，碰在铁质车间大门上，前额被撞出一条6cm长的伤口，左上臂及右小腿骨折，被紧急送往医院，经抢救无效死亡。

5 ▸ 施工单位应按类别有针对性地将各类安全警示标志悬挂于施工现场相应部位，夜间应设红灯示警。

6 ▸ 高处作业人员严禁抛接所用工具、材料，立体交叉作业确有需要时，中间必须设隔离设施。

7 高处作业应设置可靠扶梯，作业人员应沿着扶梯上下，不得攀爬立杆与横杆。

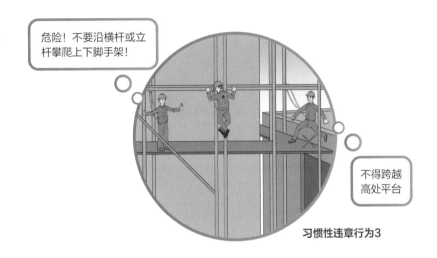

习惯性违章行为3

8 雨雪天应采取防滑措施，风速在10.8m/s以上和雷电、暴雨、大雾等气候条件下，不得进行露天高处作业。

9 发现安全设施有隐患时，必须立即采取措施消除隐患，必要时应停止作业。

10 遇到恶劣天气时，必须对各类安全设施进行检查、校正、修理，现场的冰、霜、水、雪等均须清除。

11 建筑施工中涉及临边、洞口、攀登、悬空、交叉等高处作业时，应按规定设置、安装防护栏杆，不能倚靠护栏钢管，严禁跨越临时安全护栏。

12 支模、粉刷、砌墙等作业人员同时进行上下立体交叉施工时，任何时间和场合都不允许在同一垂直方向操作。

13 楼层边口、通道口、脚手架边缘等处，严禁堆放任何物件。

14 结构施工自二层起，凡人员进出的通道口（包括井架、施工用电梯的进出通道口）都应搭设安全隔离棚或防护棚，高度超过24m的交叉作业应设双层防护。

三、物体打击伤害

物体打击伤害是指由失控物体的惯性力量造成的人身伤亡事故。物体打击会对建筑施工人员的人身安全造成威胁，容易致其被砸伤甚至出现生命危险，特别在施工周期短、作业人员多、施工机具和物料投入较多以及交叉作业时常有出现。这就要求在高处作业的人员必须确保机械运行、物料传接、工具存放的安全，防止发生物体坠落伤人的事故。

1 常见的物体打击事故

建筑行业发生物体打击事故相对比较多，尤其是在现场操作过程中。经常出现的事故可概括为以下几种：

工具、零件、砖瓦、木块等物从高处掉落伤人。

设备带故障运转伤人。

安全水平兜网、脚手架上堆放的杂物未及时清理，掉落伤人。

模板拆除工程中，拆下的支撑、模板未妥善安放，造成掉落或坍塌砸伤人。

人为乱扔废物、杂物伤人。

设备运转中违章操作伤人。

工具、零件、砖瓦、木块等物从高处掉落伤人。

人为乱扔废物、杂物伤人。

安全水平兜网、脚手架上堆放的杂物未及时清理，掉落伤人。

习惯性违章行为4

2 发生物体打击事故的原因

01 作业人员进入施工现场没有按照要求佩戴安全帽。

02 作业人员没有在规定的安全通道内活动。

03 工作过程中随手乱放工具。

04 作业人员从高处往下扔建筑材料、杂物、垃圾或向上抛递工具。

05 脚手板没有满铺或铺设不规范，物料堆放在临边处或洞口附近。

06 拆除工程未设警示标志，周围无护栏或防护棚。

07 起重吊装未按"十不吊"规定执行。

08 平网、密目式安全网防护不严，不能很好地封住坠落的物体。

09 压力容器未及时检查与维护。

不能站在叉车下！

3 物体打击事故应对

01 常备应急物资，如简易担架、跌打损伤药品、纱布等。

02 建立健全应急组织机构，做好人员分工，事故发生时做好应急抢救，如现场包扎、止血等，防止伤者流血过多。

03 一旦有事故发生，首先要通知现场安全员并马上拨打急救电话，且及时向上级领导及有关部门汇报。

04 在等待救护车的过程中，门卫要在大门口引导救护车，有序地处理事故，最大限度地减轻伤亡。

05 发生事故后，应马上组织抢救伤者。

06 尽可能不要移动伤者，如果必须将其转移到能够安全施救的地方，应尽量多找一些人，将伤者抬到担架或平板上搬运。

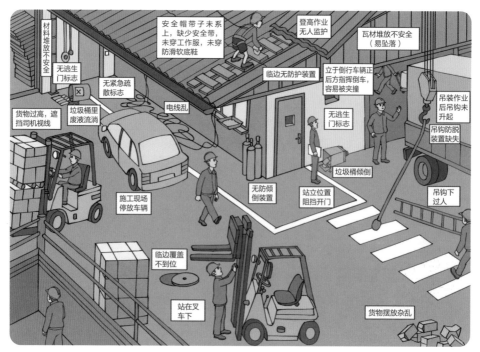

常见违章操作图示

第二节　施工现场焊接作业安全要点

焊接是使用或不用填充金属，通过加热、加压，或者两者并用，使焊件牢固连接的一种加工方法。

1 ▶ 焊接作业人员必须持有效特种作业操作证方能上岗。

2 ▶ 动火作业应按规定办理动火证。

3 ▶ 焊接作业现场10m范围内不得堆放油类、木材、氧气瓶、乙炔瓶等易燃、易爆物品，氧气瓶与乙炔瓶的间距不小于5m。气瓶到动火点距离不小于10m。

4 ▶ 焊接作业人员必须按规定穿戴防护用具。

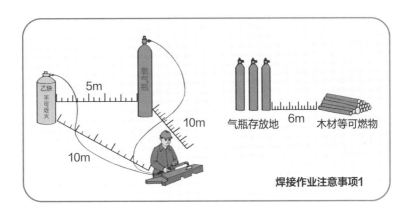

焊接作业注意事项1

⑤ 电焊机导线和接地线不得搭在易燃、易爆和带有热源的物品上，接地线不得接在管道、机械设备和建筑物金属构架或轨道上，严禁利用建筑物的金属结构、管道、轨道或其他金属物体搭接形成焊接回路。

⑥ 焊接现场须配备必要的监控设备和灭火器材。

⑦ 电焊导线长度不宜大于30m，当需要加长导线时，应相应增加导线的截面。

⑧ 严禁焊接、切割承压状态的压力容器和管道、带电设备、承载结构的受力部位以及装有易燃、易爆物品的容器；在容器内焊接时应采取防止触电、中毒和窒息的措施，容器外应有专人监护；严禁在喷涂过油漆和塑料的容器内进行焊接作业。

⑨ 高度触电危险环境中应安装空载自停装置，弧焊机电源线上装隔离电器、主开关和短路保护电器，二次侧接焊钳的一端不允许接地或接零，弧焊机一次绝缘电阻不低于1MΩ，二次绝缘电阻不低于0.5MΩ。

⑩ 焊、割密封容器应留出气孔，必要时可在进、出气口处安装通风设备；容器内照明电压不得超过12V，作业人员与焊件间应绝缘。

11 焊接铜、铝、锌、锡等有色金属时，应保持良好通风，焊接人员应戴防毒面罩、呼吸滤清器，或采取其他防毒措施，严禁用压缩纯氧进行通风换气。

12 预热焊件温度达150～700℃时，应设挡板隔离焊件发出的辐射热，焊接人员还应穿戴隔热的石棉服装和鞋、帽等。

13 在高空进行焊接或切割作业时，必须系好安全带，作业现场应采取防火措施，并应有专人监护。

14 雨天不得在露天进行焊接作业。在潮湿地带焊接时，操作人员应站在铺有绝缘物品的地方，并应穿绝缘鞋。

15 当清除焊缝中的焊渣时，应戴防护眼镜。

16 焊接作业结束后，应切断电源，检查作业现场，确认无火灾隐患方可离开。

17 遵守焊、割作业"十不准"原则。

01 无焊工特殊工种操作证不准进行焊、割作业。

02 高危场所和重要场所（三个级别动火范围内），未办理动火手续不准进行焊、割作业。

03 不了解施焊地点周围情况不准盲目进行焊、割作业。

04 不了解物体内部情况时，不准进行焊、割作业。

05 装过易燃、易爆或有毒物品的容器，未彻底清理、排除危险前，不准进行焊、割作业。

06 用可燃材料作保温层、冷却层、隔声或隔热处理的焊件，在未采取切实可靠的防火安全措施前，不准进行焊、割作业。

07 密闭和有压力的容器管道内，不准进行焊、割作业。

08 焊割作业现场有易燃易爆物品，未做清理或未采取有效安全措施前，不准进行焊、割作业。

09 附近有与明火作业相抵触的工种作业时，不准进行焊、割作业。

10 与外单位相邻的部位，未弄清有无危险前，不准进行焊、割作业。

焊接作业注意事项2

第三节 施工现场综合性安全操作要求

一、用火、用电、用气安全操作要点

1 施工现场用火安全管理要求

01 动火作业是指能直接或间接产生明火的作业，如使用电焊、气焊（割）、电钻、砂轮等进行可能产生火焰、火花或形成炽热表面的非常规作业，包括：焊接、切割作业，使用喷灯、火炉、气炉、电炉等的明火作业，煨管、熬沥青、炒砂子等施工作业，易燃易爆区域内的打磨、喷砂、锤击等产生或可能产生火花的作业，易燃易爆区域内临时用电或使用非防爆电动工具、电气设备及器材的作业，机动车进入有天然气、沼气、油类的区域，在有天然气、沼气、油类的区域内设置自带动力源的发电机和自带动力源的空气压缩机的作业。

02 动火作业分为特殊动火作业、一级动火作业和二级动火作业。

特殊动火作业 是指在生产运行状态下的**污水站沼气系统、投料间、炭炉区域、食堂后厨系统等易燃易爆生产装置、输送管道、储罐、容器上进行的动火作业。带压不置换动火作业按特殊动火作业管理。**

一级动火作业

是指在易燃易爆场所进行的除特殊动火作业以外的动火作业。

包括

使用易燃易爆气体、液体的区域（供热站、溴化锂间、投料间、炭炉区域、油库等），可燃固体的库区、堆场、输送区域及正上方（淀粉库、辅料库），污水站、工业下水和下水系统的管道（包括周围15m内的区域），易燃易爆危险化学品仓库（氧气、乙炔瓶仓库），油罐、油箱、油槽车和储存过可燃气体、易燃液体的容器以及与其连接在一起的辅助设备，各种受压设备，危险性较大的登高焊、割作业，比较密封的室内、容器内、地下室等场所。厂区管廊上的动火作业按一级动火作业管理。

对易燃易爆等危险物品（氧气瓶、乙炔瓶等）须按规定进行运输、保管、使用。

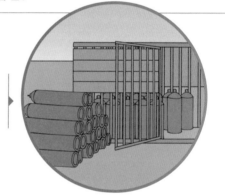

易燃易爆等危险品储存要求

二级动火作业

是指除特殊动火和一级动火作业以外的非固定动火区的动火作业。包括：在具有一定危险因素的非禁火区内进行临时焊、割等动火作业，在小型油箱等容器上进行动火作业。易燃易爆场所的生产装置或系统停止，装置经清洗、置换、取样分析合格并采取安全隔离措施后进行的动火作业，视为二级动火作业。

国家法定节假日或遇到其他特殊情况时，动火作业升级管理。

03 动火证的审批、办理和使用要求如下：

特殊动火证由公司主管安全的负责人审批，一级动火作业的动火作业许可证由安全环保办公室负责人审批，二级动火作业的动火作业许可证由动火地点、设施所在单位（管理权限的分厂）下属车间领导审查签字后，报分厂安全、消防主管部门审核批准后方可实施。确认防火安全措施可靠并向动火人和监护人交代安全注意事项后，方可在动火证上签字确认。

◎ 办证人须按动火证的项目逐项填写，不得空项；根据动火等级按审批权限审批。

◎ 一个动火点一张动火证。

◎ 动火证不得随意涂改和转让，不得异地使用或扩大使用范围。

◎ 动火证一式三联，第一联交动火人，第二联交动火作业点所在部门负责人，第三联交安全环保办公室留存，保存期3年。

◎ 特殊动火证和一级动火证的有效期不超过8小时，二级动火作业许可证有效期不超过72小时，超过有效期限应重新办理。

动火作业注意事项和要求

◎ 动火作业应办理动火作业许可证。

◎ 动火操作人员应具有相应资格。

◎ 焊接、切割、烘烤、加热等动火作业前，应对作业现场及其附近的可燃物进行清理，对于无法移走的可燃物，应用不燃材料覆盖或隔离。

◎ 严禁直接在裸露的可燃材料上进行动火作业。

◎ 焊接、切割、烘烤、加热等动火作业应配备灭火器材，还应设动火监护人进行现场监护，并且每个动火作业点均应设置监护人。

◎ 风力五级（含五级）以上时，应停止焊接、切割等室外动火作业，否则应采取可靠的挡风措施。

◎ 有火灾、爆炸危险的场所严禁明火，施工现场不能用明火取暖。

电焊作业要开具动火证、配备监护人和灭火器。

一次侧线小于5m。

二次侧线小于30m。

焊接作业注意事项3

附 施工现场三级动火申请审批表（参考）

施工现场三级动火申请审批表

施工单位		工程名称		动火等级	三级
动火须知		动火部位		动火时间	
特殊动火作业 1. 禁火区域内。 2. 油罐、油箱、油槽车和储存过可燃气体、易燃液体的容器以及连接在一起的辅助设备。 3. 各种受压设备。 4. 危险性较大的焊、割作业。 5. 比较密封的车内、容器内、地下室内等场所。 6. 现场堆有大量可燃和易燃物质的场所。 7. 特殊动火作业由所在单位行政负责人填写动火申请审批表，编制安全技术措施方案，报企业保卫部门或消防部门审查、审批后方可动火（重要项目的动火应报当地消防部门审批）。		防火措施	1. 作业时，监护人必须在现场方可动火。 2. 清理周边易燃易爆物品。 3. 作业后，必须确认无火灾隐患方可离开。 4. 持动火证，在配有消防器材的情况下进行。 5. 监护人进行监护，监护时严格履行监护人职责。		
一级动火作业 1. 在具有一定危险因素的非禁火区域内进行临时焊割动火作业小型油箱等容器及登高焊、割作业等动火作业均属一级动火作业。 2. 一级动火申请人应在四天前提出，批准最长期限为三天，期满应重新申请。 3. 一级动火作业申请审批表由项目负责人填写，并附安全技术方案，报本单位主管部门批准。		审批意见	批准人签名：　　（项目公章） 　　年　　月　　日		
		焊工姓名		监护人姓名	
二级动火作业 1. 在非固定的、无明显危害因素的场所进行动火作业的均属二级动火。 2. 二级动火作业由作业班组填写动火申请审批表，项目负责人批准。 3. 二级动火，申请人应在三天前提出，批准后最长期限为七天，期满后应重新申请。		操作证号码		申请动火人签名	
		申请日期			

施工现场防火间距有关规定

01 易燃易爆危险品库房与在建工程的防火间距不应小于15m，可燃材料堆放及加工场地、固定动火作业场地与在建工程的防火间距不应小于10m，其他临时用房、临时设施与在建工程的防火间距不应小于6m。

02 生产、经营、储存、使用危险物品的车间、商店、仓库不得与员工宿舍在同一座建筑内，并且应当与员工宿舍保持安全距离。

03 生产经营场所和员工宿舍应当设有符合紧急疏散要求、标志明显、保持畅通的出口，禁止锁闭、封堵生产经营场所或者员工宿舍的出口。

禁止锁闭、封堵生产经营场所或者员工宿舍的出口

2 施工现场用电安全管理要求

1 电气线路应具有相应的绝缘强度和机械强度，严禁使用绝缘老化或失去绝缘性能的电气线路，严禁在电气线路上悬挂物品，破损、烧焦的插座、插头应及时更换。

2 电气设备与可燃、易燃易爆、腐蚀性物品应保持一定的安全距离。

3 有爆炸和火灾危险的场所，应按危险等级选用相应的电气设备。

4 配电屏上每个电气回路都应设置漏电保护器、过载保护器，距配电屏2m范围内不能堆放可燃物、5m范围内不应设置可能产生较多易燃、易爆气体和粉尘的作业区。

5 可燃材料库房内不应使用高热灯具，易燃易爆危险品库房内应使用防爆灯具。

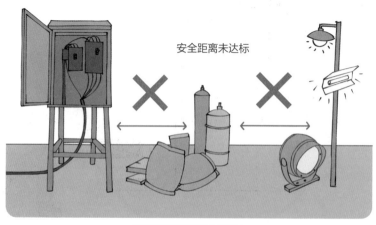

安全距离未达标

施工现场用电安全隐患1

6 普通灯具与易燃物距离不宜小于3m，聚光灯、碘钨灯等高热灯具与易燃物距离不宜小于5m。

7 电气设备不应超负荷运行或带故障使用。

8 禁止私自改装现场供用电设施。

9 应定期对电气设备和线路的运行及维护情况进行检查，工作完毕应拉闸断电并锁好开关箱。

10 低压带电作业应由专人持证上岗，无证人员及外来人员严禁在各级别配电箱上接电，接电作业时应设专人监护，工作时应站在干燥的绝缘物体上，必须穿长袖衣衫并戴绝缘手套和安全帽，严禁使用锉刀、金属尺和带有金属物的毛刷等工具。

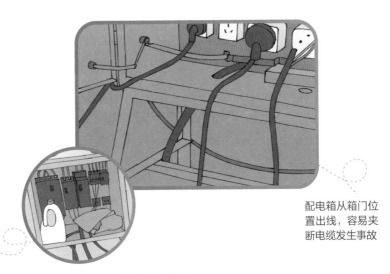

配电箱无门，箱内存放杂物

配电箱从箱门位置出线，容易夹断电缆发生事故

施工现场用电安全隐患2

11 用水冲洗地面时，要注意保护地面的电气设备，以免造成电气设备受潮短路。

12 进行电气设备检修时，必须先断电，悬挂停电标志并将配电箱锁上，或安排专人看护电源开关，严禁带电操作。

13 进入配电（控制）柜、台、箱的导管管口应符合下列规定。

当箱底无封板时，管口应高出柜、台、箱、盘的基础面0.5~0.8m。

挂墙式配电箱的箱前操作通道宽度不宜小于1m。

落地安装的配电柜底面应高出地面0.5~1m，操作手柄中心高度为1.2~1.5m，柜前方0.8~1.2m范围内不得有障碍物。

14 开关安装位置应便于操作，开关边缘距门框边缘的距离以0.15~0.2m为宜，同型号开关并列安装时高度宜一致，并列安装的拉线开关的相邻间距不宜小于0.2m。潮湿场所应采用具有防溅电器附件的插座，安装高度距地面距离不应小于1.5m。

用湿手触摸电气
开关和电气设备

停、送电前不到现场检查

移动电气设备时
（包括手持电动工具）
不切断电源

设备故障跳闸未查出
问题便强行送电

手持电动工具时
不佩戴绝缘手套

施工现场用电习惯性违章行为

3 ▸ 动力配电箱安全检查表

序号	检查项目	检查内容	检查结果
1	箱内电气线路	应整洁、完好，线路规整且电气线路无明显过载现象 配电箱内有交、直流或不同电压等级的电源时，应以明显的标志区别并用文字注明，同时标出各回路的名称	
2	配电箱、柜、板的设置安装	箱、柜、板应完好，安装设置应符合设计要求	
3	熔断器	各回路熔断器编号、识别标志应齐全 各回路熔断器容量应匹配合理	
4	各种元件	合闸机构应齐全 各种元件、仪表、开关等与线路连接应可靠、接触良好，无过热和烧损现象	
5	接地（零）保护	各种插座、接地应完好并连接正确 箱内、外有明显的接地线并接触良好	
6	箱外部元件	箱外部屏护应完好 箱门状态应良好	
7	箱内、外卫生	箱内、外应无杂物、无积水 箱外门前应无工具箱、无堆积 箱、柜顶无堆积	
8	标志	编号、识别标志应齐全、清楚	

整理自微信公众号"每日安全生产"。

防雷接地装置安全检查表

序号	检查项目	检查内容	检查结果
1	防雷接地装置	防雷措施须经设计与验算，保证保护范围有效	
		防雷装置完好，接闪器无损坏，引下线焊接可靠	
		独立避雷针系统与其他系统隔离，间距合格	
		应建立健全防雷装置资料管理制度，装置变更时应及时修改图纸、资料，使其与实际相符	
		独立避雷针（线）宜设立独立的接地装置	
		独立避雷装置不应设在行人经常经过的地方	
		避雷针及其接地装置与道路或出入口的距离不应小于3m	
		建筑物、构筑物应有防反击、侧击等技术措施	
		道路或建筑物的出入口应有防止跨步电压触电的措施	
		线路应有防雷电波侵入的技术措施	
2	避雷针（带）与引下线焊接	避雷针（带）与引下线之间的连接应采用焊接	
		接地体（线）应采用反搭接焊，搭接长度圆钢为直径的5~6倍，扁钢为宽度的2~3倍	
3	接地电阻	接地装置每一引下线的冲击接地电阻不宜大于10Ω	
4	构架	构架上不得架设低压线，其照明电源必须穿金属护套或铁管	
		装设照明灯时，照明电源线必须穿金属护套或铁管	
5	检测	对防雷区域和防雷装置定期进行预防性检查，建立健全评价和检测机制，且有关资料齐全、有效	
		阀型避雷器每年雨季前检测一次并进行评价，须有当年及上年的检测资料	
		瓷管无破损、裂纹及烧伤痕迹	
		管式避雷器每3年或使用过3次后检测，须有检测记录	

整理自微信公众号"每日安全生产"。

电气线路安全检查表

序号	检查项目	检查内容	检查结果
1	操作规程	要有电气设备操作规程	
2	一般规定	各厅、室须设置电源控制分闸	
		禁止拉临时电线	
		不得超负荷运行	
		电气设备的安装符合有关规定	
		电源线与可燃性构件之间有安全距离，或设置阻燃隔离层	
		配电线路须穿金属管，不得用塑料管	
		凡移动的电器设备，其电源线必须采用橡胶电缆	
		线路的安全距离应符合要求	
		线路的导电性能和机械强度应符合要求	
		线路的保护装置应安全可靠	
		线路的绝缘、屏护应良好	
		线路的相序、相色应正确，标志应齐全、清晰	
		线路排列整齐，无影响线路安全的障碍	
3	安全检测	电气设备每年至少由具备资格的专业部门进行一次安全检测	

整理自微信公众号"每日安全生产"。

6 电气检修作业安全检查表

序号	检查项目	检查内容	检查结果
1	管理制度	工作票制度	
		应建立防护用品、专用工具的定期检验、检查制度	
		要制定电气检修作业工作程序标准	
		应建立专人安全监护制度	
2	安全措施	停电操作时必须明确停电线路和设备、变压器运行方式、设备操作顺序等，否则不得进网作业	
		使用电压等级合适的验电器在已知电压等级相当且有电的线路上进行试验，确认验电器良好后，严格遵守相应电压等级的验电操作要求，在检修设备进出线两侧分别验电	
		验明被检线路或设备已断电，应立即将待修线路或设备的供电出、入口全部短路接地。装设接地线要注意防止"四个伤害"，即感应电压伤害、短期残余电荷伤害、旁路电流伤害、回送电源伤害；还必须做到"四个不可"，即顺序不可颠倒、安全措施不可省略、线视不可减小、地点不可变更	
		用于警示的标志牌应使用不导电材料制作，如木板、胶木板、塑料板等，各种标志牌的规格要统一	
		标志牌遵循谁挂谁摘原则，或由指定人员挂、摘。不能挂而不摘，或乱挂乱摘	
3	安全距离	检修电压在10kV以下的电气线路时，操作人员及其所携带的工具等与带电体之间的距离不应小于1m	

序号	检查项目	检查内容	检查结果
4	检修作业	对电路或设备进行检修时，首先应清理现场妨碍作业的障碍物，以方便检修人员操作和进出	
		检修现场情况复杂的，应先巡视一下周围，如果存在外来侵害，应在检修前做安全防护	
		检修过程中若需要用火，要观察现场有无禁火标志，检查有无可燃气体或燃油类物质，确认没有火灾隐患方能动火。如果用火时间长、温度高、范围大，还应准备好灭火器具，以防不测	
		如果在高处作业，脚手架要牢固可靠，在2m以上的脚手架上作业，要使用安全带并采取其他保护措施	
		多人共同作业时要预先分析一下可能发生危险的位置和方向，相互之间要保持距离，尤其是作业人员手中持有利器时，应提醒他人不要靠近	
		进行变配电区域的接地及网路带电作业时，接装的临时接地装置必须符合与变配电设施参数相应形式的电阻允许值，以保证一旦发生意外，操作者能在等电位状态下工作	
		带电或有可能带电的作业，必须按有关设备电压等级使用必要的防护用具	
		检修作业必须指定专职监护人员，每次操作都要确认无误后方可继续进行下一步操作	
		带电作业必须经过批准，要有可靠的安全防护措施	
		在带电设备附近作业时，必须保持安全距离，否则要装临时安全遮拦	
		检修高压架空线路时，电源端必须挂接地线，工作地点的两侧也应挂接地线，以防感应电压或其他用户变压器的反充电造成的伤害	
		在操作或保护回路的二次线路检修时，必须防止混线、接错线和碰地	

续表

序号	检查项目	检查内容	检查结果
5	停电检修	停电检修必须放电、验电和挂接临时接地线 对外部线路进行停电作业时，必须由指定人员负责停、送电的联系工作，不得任意更换 停电检修开始前，必须仔细检查开关是否确实断开，特别要注意防止串电或反充电	
6	防护用品及保护装置	对常备的防护用品必须定期进行检查、检验、维修，以保证其处于良好、可靠状态 必须加强对断电保护自动装置的维护、检查并定期调整，若保护装置自动跳闸或高低压熔断器熔断，未查明原因前不得强行送电	
7	检测	变配电系统所有电气设备、设施都必须按有关规定定期检测	

整理自微信公众号"每日安全生产"。

施工现场临时用电安全管理

施工现场临时用电是指临时电力线路、安装的各种电气、配电箱提供的机械设备动力源和照明，必须执行《施工现场临时用电安全技术规范》JGJ 46—2005。

1　选用符合国家强制性标准认证的合格设备和器材。

2　严格按经批准的用电组织设计构建临时用电工程，用电系统要有完备的电源隔离及过载、短路、漏电保护。

3　定期检测用电系统的接地电阻、相关设备的绝缘电阻和漏电保护器的漏电动作参数。

4 配电装置装设端正、严实、牢固，高度符合规定，不拖地放置，不随意改动；严禁用插头、插座作活动连接进线端，进出线上严禁搭、挂、压其他物体；移动式配电装置迁移位置时，必须先将其前一级隔离开关分闸断电，严禁带电搬运。

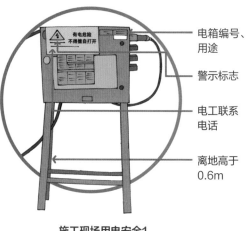

电箱编号、用途

警示标志

电工联系电话

离地高于0.6m

施工现场用电安全1

5 配电线路不得明设于地面，严禁行人踩踏和车辆辗压；线缆接头必须连接牢固，并作防水绝缘包扎，严禁带电线头裸露；严禁徒手触摸线缆，严禁在钢筋、地面上拖拉带电线路。

6 用电设备应注意防水，已溅水和浸水的设备必须先停电再进行处理。

7 照明灯具必须符合使用场所环境条件的要求，严禁将220V碘钨灯作为行灯使用。

8 停、送电指令必须由同一人下达，停电部位的前一级配电装置必须分闸断电并悬挂停电标志牌，停、送电时应一人操作、一人监护，并应使用绝缘防护用具。

9 施工现场严禁使用电炉，室内不准使用功率大于100W的灯泡，严禁使用床头灯，电气设备周围要严禁烟火。

10 电气设备集中的场所要配置可扑灭电气火灾的灭火器材，还应按规定设置防雷装置，防雷接地要确保有良好的电气连接。

临时用电线路安全检查表

序号	检查项目	检查内容	检查结果
1	管理制度	要制定临时用电安全管理制度	
2	审批手续	要有临时用电审批手续 要指定安全负责人	
3	电线	应采用橡胶绝缘电缆 电线直径要符合要求	
4	线路架设	需架设临时线路时，应由使用部门填写"临时线路安装申请单"，经设备动力、安全技术部门批准后方可架设 校验电气设备需使用临时线路时，时间不超过一个工作日的可办理临时线路手续，工作结束后应立即由安装人员负责拆除 线路架设高度，室内不小于2.5m，室外不小于4.5m，跨越道路不小于6m 与其他设备、门窗、水管的距离应大于0.3m 临时用电架空线应采用绝缘铜芯线 需埋地敷设的电缆线路应设置走向标志和安全标志，电缆埋地深度不小于0.7m，穿越公路时应加设防护套管 临时线路必须明设在地面上的部分，应采取可靠的保护措施，线路与建筑物、树木、设备、管线间的距离应符合规定的数值 严禁在各种支架、管线或树木上架线、挂线 严禁在有爆炸和火灾危险的场所架设线路	

续表

序号	检查项目	检查内容	检查结果
5	安全设施及要求	要有一个能带负荷拉闸的总开关	
		各支路设有与负荷相匹配的熔断器	
		临时用电设备保护接地（或接零）线可靠	
		装在户外的开关要有防雨设施	
		临时用电设备和线路应按供电电压等级和容量正确使用，所用的电器元件应符合国家规范标准要求	
		潮湿、污秽场所的临时线路应采取特殊的安全保护措施	
6	使用期限	临时线路使用期限一般不超过15天，延长使用期限的要办理延期手续，但最长不得超过30天	

整理自微信公众号"每日安全生产"。

9 施工现场用气安全管理要求

1 储装气体的罐瓶及其附件应合格、完好、有效，严禁使用减压器及其他附件缺损的氧气瓶，严禁使用乙炔专用减压器、回火防止器及其他附件缺损的乙炔瓶。

2 运输、存放气瓶应符合以下规定：严禁碰撞、敲打、抛掷、滚动气瓶，严禁混装气瓶，严禁在日光下暴晒气瓶，应将气瓶保持直立状态并采取防倾倒措施，氧气瓶与乙炔瓶不能存放在同一仓库，运输时必须在气瓶之间设隔板以防碰撞。应保证气瓶与火源的距离不小于10m并采取措施避免高温，燃气储装瓶罐应设置防静电装置，存放气瓶的库房应通风良好，空瓶和满瓶应分开放置且间距不小于1.5m。

施工现场用气习惯性违章行为1

3　使用气瓶应符合以下规定：使用前应检查气瓶及其附件的完好性，和连接气路的气密性，采取避免气体泄漏的措施，严禁使用已老化的橡皮气管；氧气瓶与乙炔瓶的工作间距不应小于5m，气瓶与明火作业点的间距不应小于10m；如气瓶的瓶阀、减压器等被冻住，严禁用火烘烤或用铁器敲击瓶阀，禁止猛拧减压器的调节螺钉；氧气瓶内剩余气体的压力不应小于0.1MPa；不得使用普通工具代替专用扳手开启乙炔瓶、氧气瓶阀门。

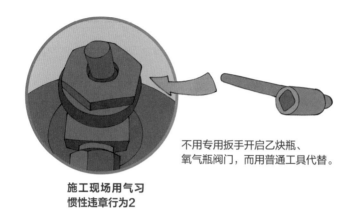

不用专用扳手开启乙炔瓶、
氧气瓶阀门，而用普通工具代替。

施工现场用气习
惯性违章行为2

二、交叉作业安全操作要点

(1) 交叉作业的概念和范围

　　交叉作业是在同一工作面进行不同的作业，或者是在同一立体空间不同的作业面进行不同或相同的作业。施工现场经常有上下立体交叉的作业，或处于空间贯通状态下同时进行的高处作业，这些都属于交叉作业的范畴，如土方开挖、爆破作业、设备（结构）安装、起重吊装、高处作业、模板安装、脚手架搭设和拆除、焊接（动火）作业、施工用电、材料运输等。

(2) 交叉作业的特点和危害

　　交叉作业是两个或两个以上的工种在同一区域内同时施工，涉及机械设备和物料的转移、存放等，作业空间受限制，且人员多、干扰多、工序多，需要配合协调的环节多，因此现场的隐患多，可能发生高处坠落、物体打击、机械伤害、车辆伤害、触电、火灾等事故。

建筑施工交叉作业安全管理要点

01 进入施工现场必须戴好安全帽、扣好安全带，应正确使用符合国家标准的个人劳动防护用具。

02 施工中应尽量减少交叉作业，必须交叉时，施工负责人应事先组织作业各方商定各自的施工范围及安全注意事项，施工场地尽量错开，以减少干扰，无法错开的垂直交叉作业，各层间必须搭设严密、牢固的防护隔离设施。

03 施工现场应保持通道畅通，出入口处应设围栏或悬挂警告牌。

04 隔离层、孔洞盖板、栏杆、安全网等安全防护设施严禁随意拆除，确需拆除的，应征得原搭设部门的同意，工作完毕后立即恢复原状并经原部门验收。

05 交叉作业时，严禁抛接工具、材料、边角余料等，应用工具袋、箩筐、吊笼等吊运，严禁在吊物下方接料或逗留。

06 支模、粉刷、砌墙等工种进行上下立柱交叉作业时，不得在同一垂直方向上操作，并且下层作业的位置必须处于依上层高度确定的可能坠落范围之外，不符合以上条件时，应设置安全防护层。

07 钢模板、脚手架等拆除时，下方不得有其他操作人员，拆下的钢模板部件临时堆放处离楼层边沿不应小于1m，堆放高度不得超过1m，楼层边口、通道口、脚手架边缘等处严禁堆放任何物件。

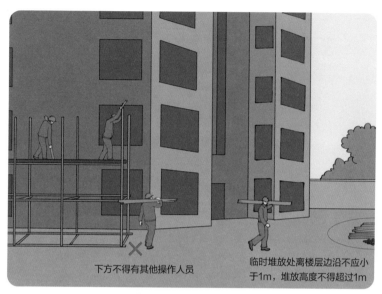

模板、脚手架安装要求3

下方不得有其他操作人员

临时堆放处离楼层边沿不应小于1m，堆放高度不得超过1m

08 结构施工自二层起人员进出的通道口（包括井架、施工用电梯的进出通道口）均应搭设安全防护棚，高度超过24m的交叉作业应设双层防护。

09 处于上方施工坠落半径内或起重机吊臂回转范围之内的通道，必须搭设顶部能防止穿透的双层防护廊。

三、各工种间相互配合、交接配合要点

建设单位应协调设计单位、监理单位、施工单位的关系，制定设备安装与土建施工相互配合的方案，组织有关单位审定设备安装技术资料与土建施工技术资料。重视并做好技术交底、图纸会审等工作。

1 建设单位的协调

01 对于与设备安装有关的水处理、土建施工，应重视地基处理及加固、水利工程设计的水位控制等关键质量控制点。

02 设计单位应组织专业人员认真核查所有设备基础的预留孔、预埋管件及工艺管线的位置和走向等，设备厂家应派专人到施工现场加以确认。

2 监理单位的监督责任

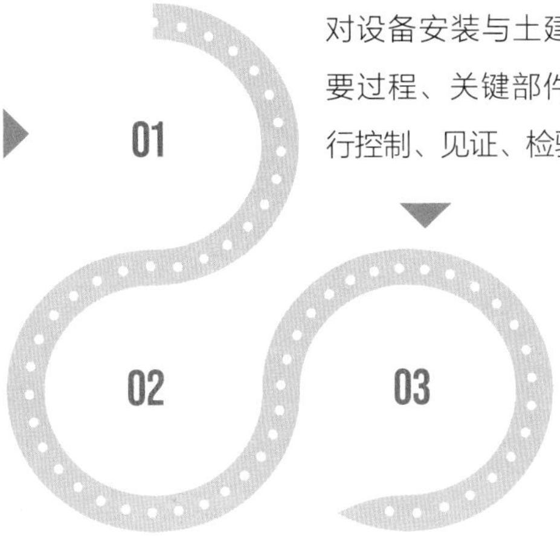

对重要设备安装和土建施工中的质量、进度等环节进行控制、检验和审核。

01

对设备安装与土建施工的重要过程、关键部件的质量进行控制、见证、检验、审核。

对设备安装的重要和关键工艺规程、组装与测试规程等技术文件与土建工程配合施工技术方案进行审核并提出修改意见。

02

03

3 施工单位的实施义务

01 根据建设单位及设计、监理、施工单位制定的设备安装与土建施工相互配合的技术方案做好关键点的施工工作。

02 做好自检、互检工作，对关键质量控制点进行复验、复检工作。

03 掌握安装与土建施工动态，及时采取有效措施、确保工程顺利完工。

4 安装与土建及其他工种的配合措施

01 结构上需要预留孔洞时，由设计部门确定图纸，施工人员严格按照图纸开展工作，对于损伤建筑钢筋、与土建结构有矛盾之处，由施工班组长与土建部门协商处理，预留预埋后应按照施工图进行检查、复核，防止错配、漏配。

02 预留孔洞时，应明确要安装的设备的型号和规格，以免因尺寸不符重新开孔、打洞。

03 土建工程进行基础施工时，要确定管道入口、穿越楼层的位置在图纸上的标高和尺寸，做好管洞预留预埋工作。

04 现浇板施工时，预留预埋施工人员要认真复核结构留洞的位置、标高、尺寸，发现问题应积极主动与土建部门负责人协商，会同监理、设计单位制定解决问题的最佳方案，切勿擅自更改。

05 地坪地漏安装须在土建地坪或地砖完成后再进行，地漏安装后由土建部门处理好孔洞及地漏周边，确保地漏标高低于设置处地坪5mm。

06 各安装工种之间配合，电气管道应避让给水排水管道并按规范留出安全距离。

07 成品安装施工中应注意对墙面、吊顶的保护，不得随意在土建墙体上打洞，因特殊原因必须打洞时，应与土建部门协商确定孔洞的位置与大小。施工人员不得随意扳动已安装好的管道、线路的开关、阀门，未交工的厕所不得使用。

5 安全注意事项

01 施工队伍进场后，必须服从项目部的安全监督和管理。按规定参加安全教育培训及考试。特种作业人员需持证上岗。

02 安全员每日上班前，必须针对当天的施工任务，召集施工人员，结合安全技术措施和作业环境、设施、设备安全状况及人员的素质、安全知识，有针对性地进行班前教育并对作业环境、设施设备等认真检查。发现安全隐患，立即解决；有重大隐患的，报告上级，严禁冒险作业。作业过程中应经常巡视检查，随时纠正违章行为，解决新的隐患。下班前检查确认机电拉闸、断电、锁门，熄灭明火，工完料清。

03 施工班组在接受生产任务时，安全员必须组织全体作业人员学习，讲解安全技术措施，进行安全技术交底。所有施工人员必须服从领导和安全检查人员的指挥，未经许可不得从事非本工种施工作业。施工人员必须熟知本工种的安全操作规程和施工现场安全生产管理制度，不违章作业。

04 进入施工现场的人员，在施工现场行走要注意安全。不得攀爬脚手架、井字架、龙门架、外用电梯。禁止乘坐非乘人的垂直运输设备上下。

05 施工现场的各种安全设施、设备和警告、安全标志等，未经上级许可，不得挪动。

06 认真查看作业附近的施工洞口、临边安全防护和脚手架护身栏、挡脚板、立网、脚手板的放置等安全防护措施是否验收合格，是否防护到位。确认安全后，方可作业，否则应及时通知有关人员进行处理。

07 施工人员在作业中发现险情时，立即停止作业，撤离危险区，报告上级解决，禁止冒险作业。

四、库房管理安全要点

1 施工部门贯彻"预防为主、防消结合"的方针，实行"谁主管谁负责"原则，组织消防宣传工作，提高职工消防安全意识。

2 现场仓库保管员应熟悉储存物品的分类、性质、保管业务知识和防火安全制度，掌握消防器材的操作使用和维护保养方法，做好本岗位的防火工作。

3 对新职工应当进行仓储业务和消防知识培训，经考试合格方可上岗。

4 仓库严格执行夜间值班、巡逻制度，带班人员应当认真检查、督促落实。

5 物品入库前应当由专人负责检查，确定无火灾隐患方可入库。

6 库房不准使用碘钨灯和高温照明灯具，不准使用电炉、煤油炉、电烙铁、电熨斗、热水器等器具，不准使用电视机、电冰箱等电器。

7 仓库应设置醒目的防火标志，应按照国家有关消防规范设置消防设施、配备消防器材。

8 消防器材应当放置在明显和方便取用的地点，周围不准堆放物品。

9 仓库的消防设施和器材应当由专人管理，负责检查、维修、保养、更换、添置，保证其完好有效，严禁圈占、埋压和挪用。

五、有限空间作业安全要点

有限空间是指封闭或部分封闭，进出口较为狭窄，未被设计为固定工作场所，自然通风不良，易造成有毒有害和易燃易爆物质积聚或氧气含量不足的空间。有限空间作业是指施工人员进入有限空间实施的作业活动。

1 ▸ 常见的有限空间

密闭设备	地下有限空间	地上有限空间
船舱、贮罐、车载槽罐、反应塔（釜）、冷藏箱、压力容器、管道、烟道、锅炉、转炉、煤气柜（包）等。	地下管道、地下室、地下仓库、地下工程、暗沟、隧道、涵洞、地坑、废井、地窖、污水池（井）、沼气池、化粪池。	储藏室、酒糟池、发酵池、垃圾站、温室、粮仓、料仓等。

2 ▸ 有限空间作业的危险性

中毒 有限空间容易积聚高浓度有害物质，如硫化氢、一氧化碳、甲苯、苯、二甲苯等，这些物质可能是原来就存在于有限空间的，也可能是作业过程中逐渐积聚的。

缺氧 有限空间作业场所大多通风不良，加上窒息性气体浓度较高，容易导致空气中氧含量下降，当空气中氧含量降到16%以下，人会出现缺氧症状，氧含量降至10%以下，会出现不同程度的意识障碍，甚至死亡，氧含量降至6%以下，会发生猝死。

燃爆 甲烷、氢气等可燃性气体浓度超过最低爆炸限度的10%，空气中易燃性粉尘相对集中，可视距离在1.5m以内，氧气浓度在23%以上，遇火源都会引起燃烧或爆炸。

> 井下作业出现缺氧、中毒等情况，要先通风再下井救援。

有限空间作业注意事项

交通危害 密闭空间（砂井）进出口位于人行道或马路上时，作业人员会有被车撞到的危险。

生物危害 密闭空间内可能会有各类细菌和病毒，还有由昆虫、蛇、鼠等引起的生物性危害。

其他危害 如电力危害（安全用电）、机械危害等。

3 ▸ 有限空间作业事故的预防

1 危险识别 作业前应进行安全分析，找出可能存在的危险，从而提出合理的预防措施。

2 监护人员 监护人员应具备足够的相关专业经验并接受过特定的培训，且在作业过程中不能离开。

3 隔离 检查设备必要的机械隔离和电隔离，确保设备操作安全；检查可能进入作业空间的物质隔离并确保其有效性。

4 进入前清空 清空空间可能残留的有毒、有害物质。

5 检查出入口尺寸 出入口应方便作业人员穿戴必要的防护用具进出，并且在紧急情况下可以快速逃离。

6 合理通风 根据有限空间的特点和作业类型，考虑采取合理的通风方式，如机械通风。

7 空气监测 监测有限空间中的氧气含量和可燃气体、有毒气体含量，必要时可持续监测。

8 照明和其他设备 根据作业空间的特点合理布置照明、选择防爆类型，可准备呼吸器等特殊设备。

9 牢记"十不准" 未经审批，不准作业；不了解作业方案和作业现场可能存在的危险，无作业安全防控措施和应急处置措施，不准作业；未经通风检测或检测不合格，不准作业；未穿戴合格的劳动防护用具，不准作业；没有监护，不准作业；各类安全设备、应急装备不符合规定，不准作业；未经风险辨识，不准作业；未确定联络方式及信号，不准作业；未经培训演练，不准作业；未检查好应急救援装备，不准作业。

4 有限空间作业十大安全操作要点

制定作业方案

施工单位在作业前应对作业环境进行风险评估，分析存在的危险因素，提出消除、控制危害的安全措施，制定有限空间作业方案，经本企业安全生产管理人员审核，由负责人批准。方案中要明确作业负责人、监护人员、作业人员及他们的安全职责，在作业前应当将作业方案和可能存在的危险因素、防控措施告知作业人员。现场负责人应当监督作业人员按照方案进行作业准备。

作业审批

作业前，作业人员按照本企业制定的"有限空间作业审批制度"履行审批手续，相关文件应存档备案。必须严格实行有限空间作业审批制度，严禁擅自进入有限空间作业。

作业现场区域管控

作业前应封闭作业区域，保证有限空间出入畅通，在出入口周边显著位置设置安全警示标志和警示说明。

安全隔离

采取可靠的隔断（隔离）措施，将可能危及作业安全的设施、设备和存在有毒、有害物质的空间与作业地点隔开。

清除、置换

当有限空间内残留易挥发、有毒有害、易燃易爆物质时，可使用水、水蒸气、惰性气体或新鲜空气进行蒸煮、清洗、置换或吹扫，同时充分通风，防止有限空间内缺氧。

通风和检测

有限空间作业应当严格遵循"先通风、再检测、后作业"的原则。作业前先充分通风，通风管置于有限空间中下部，严禁用纯氧进行通风。通风后，使用泵吸式气体检测报警仪检测硫化氢、一氧化碳、易燃易爆气体以及其他有毒有害气体的含量，如不符合安全标准，应重复通风、检测程序，直至达标方可作业。

个人防护用品

进入有限空间作业的人员，应佩戴全身式安全带并使用安全绳，如作业环境较为复杂，可使用送风式长管呼吸器或钢瓶式空气呼吸器。

作业与监护

作业前清点作业人员和工具、器材；采取通风措施，保持空气流通，对作业空间的有害气体进行连续监测；监护人应全程坚守岗位，与作业人员进行持续沟通，不得脱岗；作业人员出现身体不适，或气体检测报警仪报警，应及时撤离作业场所。

交叉作业

存在交叉作业时，应采取避免互相伤害的措施。

作业结束

作业结束后，现场负责人、监护人应当对作业现场进行清理并督促作业人员撤离。

有限空间作业，请牢记"十必须"，即

事故发生后必须立即停止作业，积极开展自救、互救；必须安全施救，禁止未经培训的人员进入有限空间施救；救援人员必须正确穿戴个人防护装备；作业现场负责人必须及时向本单位报告事故情况，必要时拨打119、120电话报警；救援时必须设置警戒区域，严禁无关人员和车辆进入；必须采取可靠的隔离（隔断）措施；必须持续通风，直至救援行动结束；必须根据现场条件安全施救，具备从外部直接施救条件的，救援人员可通过安全绳等装备将被困人员救出，无法从外部直接施救的，由救援人员进入内部施救；救援人员必须与外部人员保持有效联络，保持通信畅通；必须保护救援人员安全，救援持续时间较长时，应实施轮换救援，出现危险时，救援人员立即撤离危险区域，待安全后再实施救援。

六、机械加工作业安全要点

1 涉及设备、设施操作及危险作业的人员，上岗前必须经过安全教育和操作技能培训。

2 涉及压力容器（含气瓶）、压力管道、叉车、起重机等特种设备的作业人员必须持有专业资格证，作业时应佩戴劳动防护用具。

3 涉及高压电、低压电、焊接与热切割、高处作业等特种作业的人员必须持有专业资格证，作业时应佩戴劳动防护用具。

4 从事设备、设施及危险作业时严禁吸烟。

5 操作任何设备、设施前应进行设备点检并试操作一次，确保设备运行状态良好方可作业。

6 严禁私自拆除设备、设施的防护装置。

7 严禁将工具、计量器具及杂物放置在操作台上。

8 设备运行时，严禁设备操作人员离开。

9 操作设备时严禁穿宽松衣物、短裤、裙子等，严禁佩戴领带等影响操作的物品。

10 操作设备时严禁与他人聊天、玩手机等。

11 涉及两种以上设备、设施的作业，操作人员应按规定佩戴全劳动防护用品，不可少戴，更不可不戴。

12 任何设备、设施停止作业时，都应关闭并断电。

13 设备检修、维修时，必须断电并挂相应提示牌。

七、施工现场发生火灾时如何处置

1 听到火灾警报时，应立即查看报警部位并联系现场负责人和安全员，或查看现场监控视频，确认是否真的发生火灾。

2 火灾确认后，立即拨打"119"电话报警，上报发生火灾的具体位置和燃烧物。

③ 向单位领导报告，启动火灾应急和疏散预案。

④ 配合消防队行动，按消防人员指令进行相关操作。

八、常用灭火器具的使用

1 手提式灭火器

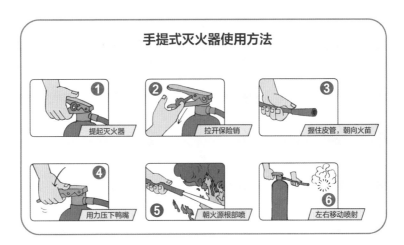

2 推车式灭火器

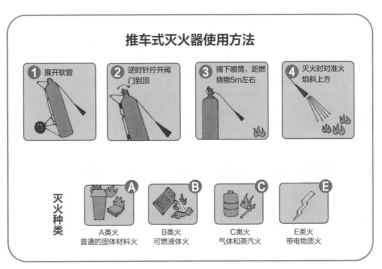

3 消火栓

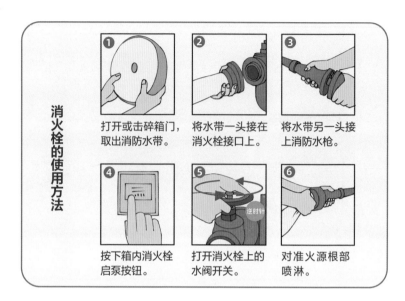

消火栓的使用方法

❶ 打开或击碎箱门，取出消防水带。

❷ 将水带一头接在消火栓接口上。

❸ 将水带另一头接上消防水枪。

❹ 按下箱内消火栓启泵按钮。

❺ 打开消火栓上的水阀开关。

❻ 对准火源根部喷淋。

4 消防软管卷盘

消防软管卷盘是一种小型固定灭火器具，一般安装在室内消火栓箱内。

使用时打开箱门，搬动消防软管卷盘，拖拽消防软管（消防水喉），打开阀门和水喉阀门，对准火源根部喷淋。

九、防台防汛

 防护措施

1 雨季应加强对施工现场的检查，包括办公室、宿舍、围墙等的加固，水泥桶、高压变压器等的防护，重点关注深基坑、塔吊、人货电梯、井架式物料提升机、脚手架、高耸大型桩机等的安全稳定。

2 每4小时预报一次台风的风力和雨量情况。

3 对可能造成人身伤亡的危险区域制定相应的人员安全转移方案。

4 为防止台风对施工场所活动房造成损坏,可预先采取钢管压顶、钢丝绳斜撑等加固措施。

5 加固所有配电箱,关闭电源总开关,以防止漏电。

6 如遇6级以上大风或雷雨等恶劣天气应停止作业,当风力超过7级或有强热带风暴时,应将外脚手架及临边的材料清除,对现场堆放的材料应采取覆盖、加固措施。

7 对临建设施、机电设备、电源线路等进行检查、加固,有严重险情的应立即排除。

8 做好施工现场排水工作,合理布置排水沟和集水坑。

2 灾后处置

1 及时清理现场,消除安全隐患,确保施工机械和设备尽快恢复运行。

2 认真检查受灾的临时设施和建筑材料,严防出现次生灾害。

3 统计损失情况,汇总上报上级管理部门。

4 及时补充抢险救灾消耗的物资和装备。

5 认真总结经验,吸取教训,完善防台防汛预案。

第四节 房屋住宅修缮工程中消防安全作业管理及要点

与其他工程相比，房屋住宅修缮工程具有明显的独特性，施工过程中会涉及临时用电、室外高压电、易燃易爆物品、动火、登高、油漆等工种，存在一定的安全隐患，如果施工安全管理工作落实不到位，极易引发施工安全事故，对施工人员的人身安全构成威胁，因此加强房屋住宅修缮工程施工安全管理就显得尤为重要。加强房屋住宅修缮工程施工安全管理，可以及时发现存在施工安全隐患的区域，采取切实可行的补救措施，从根源上消除安全隐患，同时能有效约束和规范施工人员的施工行为，降低发生安全事故的概率。

一、房屋住宅修缮工程施工前准备

① 房屋住宅修缮工程开工前，施工单位须报请区修缮管理部门协调消防、应急、公安、住建等部门和居委会、业委会、物业公司等单位，开展消防安全专项联合检查。

② 按照"谁施工、谁负责"的原则，施工单位应重点采取以下几方面措施：

由项目经理全面负责施工现场的消防安全工作，指定专人负责工地日常消防安全管理工作，加强对施工现场消防安全工作的指导和检查。

详细编制《施工现场消防安全专项方案》，绘制消防安全平面图，明确消防安全重点部位、责任区域以及临时消防设施和消防器材设置点。

在施工现场设置明显的消防标志和告示等，制定有针对性的消防安全技术措施，易燃易爆危险物品和场所应有具体防火防爆措施。

严格实行明火作业审批制度，防止因焊接、气割、砂轮打磨、金属切割等明火作业引起火灾事故；焊接、热切割、电工等特种作业人员应接受专业培训并持有资格证书。

施工人员上岗前应接受消防安全培训，了解消防法律法规、消防安全制度和操作规程及有关消防设施的性能，掌握灭火器材的使用方法、扑救初起火灾的方法以及自救逃生的技能。

制定文明施工方案和应急预案，减少施工扰民行为，涉及外立面改造的，还应编制相应的外立面设计方案。

部分住宅修缮工程安全标志

二、房屋住宅修缮工程施工现场消防安全管理要点

1 房屋住宅修缮工程应采用不燃材料搭设脚手架，并且不应影响原有安全疏散通道和消防通道，脚手架验收后方可使用。

2 房屋住宅修缮工程屋面防水层禁止采用明火热熔法施工。

3 施工现场应按规定设置消防水源，可因地制宜借助自来水管或水箱等作为临时水源。

4 施工现场应配备必要的消防设施和灭火器材，消防安全重点部位（楼层），应在明显和便于取用的位置配备适当数量的灭火器、消防沙袋等。

5 对于易燃易爆物品，明火、电气设备，高压电线等可控危险源，必须严格按照施工现场消防安全管理的相关规定做好日常管理工作。

6 对于施工现场居民日常活动，如使用电器设备、生火煮饭等不可控危险源以及吸烟、扔烟头、电动自行车停放楼梯间充电等违规用火、用电行为，应会同属地相关部门和单位，加强宣传教育，群防群控，认真防范。

7 会同居委会、业委会、物业管理单位落实工地日常24小时安全巡查，特别要加强夜间巡查，合理安排巡查路线，确保无死角，可结合现场动态监控系统、智能安全帽和巡查打卡等进行巡查。

⑧ 同工程所在地居委会、业委会和物业管理单位，充分利用告知单、宣传画册等普及火灾预防、初起火灾扑救以及逃生自救常识，强化施工现场居民的消防安全意识。

⑨ 坚持"便民、利民、少扰民"原则，建立"十公开制度"，即：居民意见征询结果公开，修缮内容和实施方案公开，施工队伍公开，监理和设计单位公开，主要材料公开，施工周期公开，文明施工相关措施公开，现场接待和投诉电话及地址公开，开工审核情况公开，竣工验收移交结果公开。还应在工程现场设置公告栏，接受业主和居民的监督。

三、房屋住宅修缮工程施工现场消防安全操作要点

① 施工现场临时消防设施设置应与施工同步，还需配备必要的灭火器材和消防设施，必要时可设置微型消防站。

② 应在施工现场重点防火部位设置适当数量的灭火器、消防沙袋等消防器材。重点防火部位包括：易燃易爆物品存放及使用场所，固定动火作业场所和临时动火作业点，可燃材料存放和加工场所，外脚手架架体上及屋面施工区域内，总配电箱及二级分配电箱设置处，临时建筑垃圾集中堆放点，施工现场临时办公室、住宿区。

③ 灭火器的设置和检查。

01 灭火器的配置数量应按《建筑灭火器配置设计规范》GB 50140—2005的有关规定经计算确定，且每个场所的灭火器数量不应少于两只。

02 脚手架按外墙投影面积每100m^{2}应配备不少于一组（两只）10L的灭火器，灭火器可设置在转角处等明显的位置。

03 灭火器宜放置在挂钩、托架上或灭火器箱内，应稳固且便于取用。

04 灭火器的类型应与配备场所可能发生的火灾类型相匹配，房屋住宅修缮工程一般采用干粉灭火器或水型灭火器，水型灭火器不能用于油漆、涂料和带电火灾。

05 灭火器至少每季度检查一次，每12个月自行组织或委托维修单位对所有灭火器进行一次功能性检查。

4 施工临时消防水源应稳定、可靠并能满足施工现场临时消防用水的需要，否则应设置临时贮水池。

5 动火作业安全要点

01 施工现场动用明火必须办理审批手续，取得许可证后方可作业。

02 动火作业须落实措施检查、器材配备、持证上岗、过程监护、事后清理。

03 动火过程中必须设监护人，管控措施必须到位，切割机作业也需开动火证。

04 必须使用安全附件完好的氧气、乙炔减压阀，使用前应检查气瓶防震圈、防护帽、橡皮胶管是否老化、开裂，乙炔瓶必须安装回火防止器。

05 进行焊接、切割、烘烤或加热等动火作业前，应将作业场所的可燃物清除，无法移走的应用不可燃材料覆盖或隔离。

06 电焊、气焊、切割的火花点必须与氧气瓶、乙炔瓶、油类等危险物品及木料等可燃材料相距10m以上，与易爆物品相距20m以上，焊割点周围和下方应加强防火措施并指定专人在现场监护。

07 氧气瓶与乙炔瓶工作间距应不小于5m，气瓶运输、使用、存放时须保持直立，应采取防倾倒措施并安装防震圈与保护帽。

告　示

致居民和用户的忠告：
目前×××项目外立面正在进行动火作业施工，请勿开窗和对外抛掷杂物，否则会给他人生命安全带来危害。

××单位（盖章）

告示示意图

08 高空动火作业必须落实立体监护和接火斗等防范措施。

09 动火作业结束后应检查现场是否存在安全隐患，确认安全方可离开。

⑥ 临时用电安全

临时用电标准与规定

◎ 施工临时用电应符合《建设工程施工现场供用电安全规范》GB 50194—2014和《施工现场临时用电安全技术规范》JGJ 46—2005的规定。

◎ 住宅修缮工程临时用电必须编制临时用电专项方案。

◎ 外电线路与修缮工程及脚手架、起重机械的安全距离应符合规范要求，否则必须采取绝缘隔离防护措施并悬挂明显的警示标志。

◎ 电工必须持证上岗，安装、巡检、维修或拆除临时用电设备和线路，必须由电工完成并应有人监护。

◎ 临时用电应定期检查，对安全隐患必须及时处理，并应履行复查验收手续。

◎ 电箱重复接地应符合要求并标明接地点和接地电阻值。

◎ 总配电箱、分配电箱应配置干粉灭火器。

现场电工必须持证上岗。

特种作业操作证

配电箱

施工现场用电安全2

户外电线保护要求——低压电线

◎ 搭设脚手架前应对房屋进户线及其他附属强电线路隐患点实施排查，采取可靠的绝缘保护措施，经监理单位验收合格后方可搭设，须填写相关验收记录。

◎ 原有电气线路穿越脚手架的部分须用绝缘材料包裹防护。

◎ 宜采用卡扣式电缆硅胶绝缘护套，硅胶耐高温，不容易引燃。

◎ 防护设施应坚固、稳定并采用绝缘材料搭设，对外电线路防护等级应达到IP30级，即能防止直径为2.5mm的固体异物穿过。

户外电线保护要求——高压电线

1 修缮房屋（含脚手架）的周边与外电架空高压线路的边线之间不能满足最小安全操作距离时，必须采取绝缘隔离防护措施。

2 架设防护设施时，必须经电力部门批准，可暂时断电或采取其他可靠的安全措施，应由电气工程技术人员作业并由专职安全人员监护。

3 隔离防护屏障应采用木、竹或其他绝缘材料搭设并应坚固、稳定。

4 隔离防护设施的警告标志必须昼、夜均醒目可见。

接地装置

◎ 施工现场临时用电工程专用的电源中性点直接接地的220V/380V三相四线制低压电力系统必须采用TN-S系统。

◎ 配电箱内N线、PE线规格、型号、连接应符合规范要求。

◎ 当施工现场与外电线路共用同一供电系统时，电气设备的接地、接零保护应与原系统保持一致。

◎ 配电系统的首端处、中间处和末端处必须做重复接地。

◎ 每一接地装置的接地线应采用两根及以上导体在不同点与接地体做电气连接，不得采用铝导体作接地体或地下引下线。

钢管脚手架接地保护

1 外电防护措施通过验收后方可搭设脚手架，钢管脚手架搭设至二层时须进行接地，通过验收后方可继续搭设。

2 电力线路垂直穿过或靠近钢脚手架时，应水平连接电力线路周围至少2m以内的钢脚手架，将线路下方的钢脚手架垂直连接进行接地；电力线路和钢脚手架平行靠近时，应将靠近的一段钢脚手架在水平方向连接，且每隔25m进行一次重复接地。

3 人工垂直接地体宜采用角钢、钢管或光面圆钢，人工水平接地体宜采用热浸镀锌的扁钢或圆钢，长度宜为2.5m，圆钢直径不应小于12mm，扁钢、角钢等截面面积不应小于90mm²，厚度不应小于3mm，钢管壁厚不应小于2mm。人工接地体不得采用螺纹钢筋。

4 工作接地电阻不得大于4Ω，重复接地电阻不得大于10Ω。

5 脚手架应按规范要求采取防雷措施，防雷装置的冲击接地电阻不得大于30Ω。

电动设备使用安全

◎ 现场禁止使用0Ⅰ类与Ⅰ类电动设备。

◎ 电焊机械应放置在防雨、干燥和通风良好的地方，焊接现场不得有易燃易爆物品。交流弧焊机变压器的一次侧电源线长度不应大于5m，电源进线处必须设置防护罩，交流电焊机械应配装二次侧触电保护器，电焊机械的二次线应采用防水橡皮护套铜芯软电缆，电缆长度不应大于30m，不得采用金属构件或结构钢筋代替二次线的地线。

◎ 手持式电动工具的负荷线应采用耐气候型的橡胶护套铜芯软电缆，且不得有接头，其外壳、手柄、插头、开关、负荷线等必须完好无损，使用前必须做绝缘检查和空载检查，绝缘合格、空载运转正常方可使用。

◎ Ⅱ类电气设备绝缘电阻值应不小于7MΩ，Ⅲ类电气设备绝缘电阻值应不小于1MΩ。

临时用电安全技术档案

施工现场临时用电须建立安全技术档案，应包括：用电专项方案全部资料，用电技术交底资料，用电工程检查验收表，用电设备试验、检验凭单和调试记录，接地电阻、绝缘电阻和漏电保护器漏电动作参数测定记录表和定期检（复）查表，电工安装、巡检、维修、拆除工作记录。

01

02

临时用电工程定期检查应按分部、分项工程进行，对安全隐患必须及时处理，且应履行复查验收手续。

7 办公用房、宿舍等临时用房防火要求

设计要求

◎临时宿舍、办公用房建筑构件燃烧性能等级应为A级，如采用金属夹芯板材，其芯材的燃烧性能等级应为A级。

◎临时用房、临时设施的布置应满足现场防火、灭火及人员安全疏散的要求。

◎疏散楼梯的净宽度不应小于疏散走道的净宽度。

◎房间内任意一点至最近的疏散门距离不应大于15m，房门的净宽度不应小于0.8m，外部走廊通道宽度不小于1m。

◎搭设临时房的彩钢夹芯板使用次数不得超过3次，使用时间综合不得超过5年；如临时用房超过两层，应设置消防楼梯。

使用要求 ▶ 办公用房、宿舍严禁使用功率大于200W的照明、取暖和电加热设备，每100m²应配备两个灭火级别不小于3A的灭火器，严禁堆放施工材料和设备。若设置食堂，其中的电气装置必须定期检查，应使用带安全熄火保护装置的安全型灶具，使用液化气、煤气时由专人看管，做到点火后不离人。

8 易燃易爆危险品仓库和材料堆场防火要求

1 易燃易爆危险品应分类专库储存，库房应通风良好并有严禁明火的标志。

2 可燃材料宜存放于库房内，露天存放时，应分类成垛堆放，垛与垛之间的距离不应小于2m，且应采用不燃或难燃材料覆盖。

3 施工剩余的油漆、涂料应集中临时存放，统一处理。

4 施工中需使用带有挥发性的易燃材料时，现场应有良好的通风条件且周围禁止明火，如施工现场自然通风条件不好，应安装通风设施后方可施工。

5 脚手架、防护棚不得使用可燃材料，防水卷材不得使用热熔材料。

6 施工单位对施工中产生的刨花、木屑等易燃、可燃材料应当天清理，严禁在施工现场焚烧。

7 施工现场动力线与照明线必须分开设置，严禁乱接、乱拉电气线路。

9 防火管理

1 施工现场原消防通道应保留，如由于材料堆放、脚手架搭设等造成消防通道无法通过，应增设临时消防通道，其净宽、净高均不得小于4m。

2 管道、路面开挖作业时，在未明确地下电缆线、煤气管道等管线位置时，不得盲目开挖，应认真咨询物业公司等相关单位，确定正确位置，先人工试挖，再机械开挖。

本章事故案例

某市高层住宅大火

详见二维码

综合练习题

判断题

1. 施工单位应为作业人员提供合格的安全帽、安全带等必备的个人安全防护用具，作业人员应按规定正确佩戴和使用。

2. 施工单位应按类别、有针对性地将各类安全警示标志悬挂于施工现场相应部位，夜间应设红灯示警。

3. 住宅修缮工程屋面防水层可以使用明火热熔法施工。

4. 施工现场临时消防设施可以根据施工进度与施工需要进行设置。

5. 房屋修缮工程施工现场使用切割机不是明火作业，无须开动火证。

6. 人工垂直接地体宜采用角钢、钢管或光面圆钢，如现场缺少材料可以用螺纹钢代替。

7. 修缮工程施工现场可以使用Ⅰ类电动设备。

8. 发现安全措施有隐患时，只要及时处理了，就没有必要停止作业。

9. 严禁利用建筑物的金属结构、管道、轨道或其他金属物体搭接起来形成焊接回路。

10. 对承压状态的压力容器及管道、带电设备、承载结构的受力部位和装有易燃易爆物品的容器严禁进行焊接和切割。

11. 容器内照明电压不得超过12V。

12. 焊接作业完毕，作业人员在切断电源后可以直接离开。

13. 配电线路不得明设于地面，严禁行人踩踏和车辆辗压。

14. 用电设备移位时，严禁带电搬运，严禁拖拉其负荷线。

15. 照明灯具的选用必须符合使用场所环境条件的要求，一时找不到合适的，可以用220V碘钨灯作行灯使用。

16. 停、送电时应由一人操作、一人监护，并且应穿戴绝缘防护用品。

17. 电气设备集中的场所要配置可扑灭电气火灾的灭火器材。

18. 电焊机必须可靠接地，接地电阻不得大于6Ω，多台电焊机可以串联接地。

19. 焊接、切割、烘烤或加热等动火作业，应配备灭火器材并由监护人进行现场监护，每个动火作业点均应有一个监护人。

20. 在具有一定危险因素的非禁火区内进行临时焊割等动火作业、使用小型油箱等容器、登高焊割等动火作业均属三级动火作业。

21. 在非固定的、无明显危险因素的场所进行动火作业属于三级动火作业。

22. 气瓶应保持直立状态并采取防倾倒措施，乙炔瓶严禁横放。

▌填空题

1. 按作业高度不同，国家标准将高处作业划分为（　　　）四个等级。

2. 采用（　　　）的，应按规定对作业人员进行相关安全技术教育。

3. 支模、粉刷、砌墙等作业同时上下立体交叉进行时，任何时间、场合都不允许在（　　　）操作。

4. 高度超过（　　　）的交叉作业应设双层防护。

5. 建筑行业的常见"五大伤害"指（　　　）。

6. 电焊导线长度不宜大于（　　　）。

7. 易燃易爆危险品库房与在建工程的防火间距不应小于（　　　）。

8. 可燃材料堆场及其加工场所、固定动火作业场所与在建工程的防火间距不应小于（　　　）。

9. 临时用房、临时设施与在建工程的防火间距不应小于（　　　）。

10. 进行焊接、切割、烘烤或加热等动火作业前，应对作业现场的（　　　）进行清理。

11. 对于作业现场及其附近无法移走的可燃物，应采用（　　　）对其覆盖或隔离。

12. 气瓶应远离火源，距离不应小于（　　　）。

13. 氧气瓶内剩余气体的压力不应小于（　　　）。

14. 住宅修缮工程开工实施前，各区修缮管理部门须督促实施单位，协调属地消防、应急、公安、住建等部门和居委会、业委会、物业管理单位等，开展（　　　）。

15. 房屋修缮工程施工单位的（　　　）全面负责施工现场的消防安全工作，指定（　　　）负责工地日常消防安全管理工作。

16. 房屋修缮工程应采用（　　　）搭设脚手架，施工现场脚手架架体按外墙投影面积每（　　　）m²应配备不少于（　　　）10L的灭火器。

17. 房屋修缮施工现场使用的灭火器至少（　　　）检查一次。

18. 施工现场动用明火必须办理（　　　）手续。

19. 房屋修缮施工现场动火过程中必须设（　　　），管控措施必须到位。

20. 总配电箱、分配电箱应设置（　　　）灭火器。

21. 修缮房屋（含脚手架）的周边与外电架空高压线路的边线之间不能满足最小安全操作距离的，必须事先采取（　　　）措施。

22. 配电系统的首端处、中间处和末端处必须做（　　　）。

23. 房屋修缮工程施工现场临时宿舍、办公用房建筑构件燃烧性能等级应为（　　　），采用金属夹芯板材时，其芯材的燃烧性能等级应为（　　　）。

24. 可燃材料宜存放于库房内，露天存放时，应分类成垛堆放，垛与垛之间距离不应小于（　　　），且应采用（　　　）覆盖。

25. 修缮工程搭设的脚手架应按规范要求采取防雷措施，防雷装置的冲击接地电阻不得大于（　　　）Ω。

选择题

1. 电焊工下列操作属于违章作业的是（　　　）。

   A. 转移工作地点时，在切断电焊机电源情况下移动电焊机

   B. 切断电源后检查电焊机的故障

   C. 带电改接电焊机接头

2. 气焊工下列操作属于违章作业的是（　　　）。

   A. 在乙炔气瓶上安装回火防止器

   B. 离场休息时把与气源连着的带压焊枪放在施工的金属球罐内

   C. 动焊用气时，乙炔气瓶阀只拧开3/4圈

3. 使用乙炔气瓶时下列行为不违反安全使用规定的是（　　　）。

   A. 不用尽瓶内乙炔，留有一定余压

   B. 卧放的气瓶直立后马上安装减压器并开始使用

   C. 不安装回火防止器就使用

▎思考题

1. 建筑施工中经常出现的物体打击事故可概括为哪几种?

2. 焊工作业"十不准"的主要内容是什么?

3. 有限空间作业的危险性有哪些?

4. 安装工种间相互配合管理的要点有哪些?

5. 机械加工作业安全要点有哪些?

6. 住宅修缮工程施工现场重点防火部位包括哪些场所?

参考答案

判断题

1. √

2. √

3. ×（解析：禁止采用）

4. ×（解析：应与施工同步设置）

5. ×（解析：也需要开动火证）

6. ×（解析：不得采用螺纹钢）

7. ×（解析：禁止使用0Ⅰ类与Ⅰ类设备）

8. ×（解析：立即采取措施，消除隐患，必要时停止作业）

9. √

10. √

11. √

12. ×（解析：检查操作地点，确认无火灾危险后方可离开）

13. √

14. √

15. ×（解析：严禁将220V碘钨灯作行灯使用）

16. √

17. √

18. ×（解析：多台电焊机不可以串联接地）

19. √

20. ×（解析：属于二级动火作业）

21. √

22. √

填空题

1. 一级高处作业为2～5m（含5m），二级高处作业为5～15m（含15m），三级高处作业为15～30m（含30m），四级高处作业大于30m

2. 新工艺、新技术、新材料、新设备

3. 同一垂直方向

4. 24m

5. 高处坠落、触电、物体打击、机械伤害、坍塌

6. 30m

7. 15m

8. 10m

9. 6m

10. 可燃物

11. 不燃材料

12. 10m

13. 0.1MPa

14. 消防安全专项联合检查

15. 项目经理；专职消防安全管理人员

16. 不燃材料；100；一组（两只）

17. 每季度

18. 动火审批

19.监护人

20.干粉

21.绝缘隔离防护

22.重复接地

23.A级；A级

24.2m；不燃或难燃材料

25.30

选择题

1. C

2. B

3. A

思考题

1.（1）工具零件、砖瓦、木块等物从高处掉落伤人。

（2）人为乱扔废物、杂物伤人。

（3）设备带故障运转伤人。

（4）设备运转中违章操作伤人。

（5）安全水平兜网、脚手架上堆放的杂物未及时清理经扰动后掉落伤人。

（6）模板拆除工程中，支撑、模板伤人。

2. 未取得焊工特殊工种操作证不烧；高危场所和重要场所未经批准不烧；不了解施焊地点周围情况不烧；不了解焊割物体内部情况不烧；装过易燃易爆物品的容器未彻底清理不烧；用可燃材料作装修装饰的部位不烧；密闭和有压力的容器管道不烧；焊割部位旁有易燃易爆物品不烧；附近有与明火作业相抵触的作业不烧；禁火区内未办理动火审批手续不烧。

3.（1）中毒：有限空间容易积聚高浓度有害物质，如硫化氢、一氧化碳、甲苯、苯、二甲苯等，这些物质可能原来就存在于有限空间，也可能是作业过程中逐渐积聚的。

（2）缺氧：有限空间作业场所大多通风不良，加上窒息性气体浓度较高，容易导致空气中氧含量下降。当空气中氧含量降到16%以下，人即可产生缺氧症状；氧含量降至10%以下，可出现不同程度的意识障碍，甚至死亡，氧含量降至6%以下，可发生猝死。

（3）燃爆：甲烷、氢气等可燃性气体浓度超过最低爆炸限度的10%，空气中易燃性粉尘相对集中，可视距离在1.5m以内，氧气浓度在23%以上，遇火源都会引起燃烧或爆炸。

（4）交通危害：密闭空间（砂井）进出口位于人行道或马路上时，作业人员会有被车撞到的危险。

（5）生物危害：密闭空间内可能

会有各类细菌和病毒，还有由昆虫、蛇、鼠等引起的生物性危害。

（6）其他危害：如电力危害（安全用电）、机械危害等。

4. 建设单位应协调设计单位、监理单位、施工单位的关系，制定设备安装与土建施工相互配合的方案，组织有关单位审定设备安装技术资料与土建施工技术资料。重视并做好技术交底、图纸会审等工作。

5. （1）涉及设备、设施操作及危险作业的人员，上岗前必须经过安全教育和操作技能培训。

（2）涉及压力容器（含气瓶）、压力管道、叉车、起重机等特种设备的作业人员必须持有专业资格证，作业时应佩戴劳动防护用具。

（3）涉及高压电、低压电、焊接与热切割、高处作业等特种作业的人员必须持有专业资格证，作业时应佩戴劳动防护用具。

（4）从事设备、设施及危险作业时严禁吸烟。

（5）操作任何设备、设施前应进行设备点检并试操作一次，确保设备运行状态良好方可作业。

（6）严禁私自拆除设备、设施的防护装置。

（7）严禁将工具、计量器具及杂物放置在操作台上。

（8）设备运行时，严禁设备操作人员离开。

（9）操作设备时严禁穿宽松衣物、短裤、裙子等，严禁佩戴领带等影响操作的物品。

（10）操作设备时严禁与他人聊天、玩手机等。

（11）涉及两种以上设备、设施的作业，操作人员应按规定佩戴全劳动防护用品，不可少戴，更不可不戴。

（12）任何设备、设施停止作业时，都应关闭并断电。

（13）设备检修、维修时，必须停电挂相应提示牌。

6. （1）易燃易爆物品存放及使用场所。

（2）固定动火作业场所和临时动火作业点。

（3）可燃材料存放和加工场所。

（4）外脚手架架体上及屋面施工区域内。

（5）总配电箱及二级分配电箱设置处。

（6）临时建筑垃圾集中堆放点。

（7）施工现场临时办公室、住宿区。

6

第六章

施工现场应急
管理与急救处置

为了预防和减少突发事件，控制、减轻、消除突发事件引起的社会危害，规范突发事件应对活动，保护人民生命财产安全，维护公共安全、环境安全和社会秩序，建筑施工单位应当制定具体应急预案，对施工作业场所、有危险物品的建筑物和构筑物及其周边环境开展隐患排查，及时采取措施消除隐患，还应当建立健全安全管理制度，定期检查本单位各项安全防范措施的落实情况，掌握并及时处理本单位存在的可能引发安全事故的问题，防止矛盾激化和事态扩大。

第一节 施工现场应急管理预案和管理制度

一、施工现场应急预案

施工企业编制应急预案 ▶ 是为了防止施工现场发生生产安全事故。完善应急预案工作机制，在工程项目发生事故时，能够迅速、有序地开展救援工作，减少事故造成的损失。

综合应急预案 ▶ 包括项目危险性分析（有哪些危险源）、应急组织机构与职责（包括人员配置和联系方式）、应急物资装备、培训方案、演练方案等。

专项应急预案 ▶ 包括高处坠落、触电、机械伤害、物体打击、火灾等安全事故以及台风、洪水等自然灾害防台防汛的预防措施和应急处置方案。

二、应急组织机构与职责

应急救援领导小组人员结构与职责

三、应急物资装备

1 救护人员装备　头盔、防护服、防护靴、防护手套、安全带、防毒面具、防烟面罩等。

2 抢险器材　灭火器、灭火毯、扫帚、铁锹、水桶、沙箱、湿布、沙袋、防汛编织袋、救生网、救生梯、救生垫、逃生绳、逃生缓降器等。

3 急救用具　止血带、包扎带、医药箱等。

4 通信器材　固定电话、移动电话、对讲机等。

5 警戒疏导器材　荧光棒、警戒带、事故牌、电喇叭等。

6 其他　抢险交通车辆和吊装、推土设备等。

四、《社会单位灭火和应急疏散预案编制及实施导则》GB/T 38315—2019

详见二维码

第二节 施工现场突发事件应急处置常识

突发事件是指突然发生的造成或者可能造成严重社会危害，需要采取应急处置措施的自然灾害、事故灾害、公共卫生事件和社会安全事件。

一、施工现场常用急救措施

1 止血

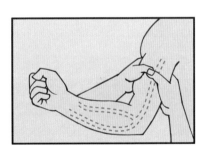

指压法止血

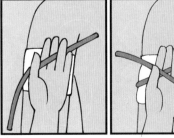 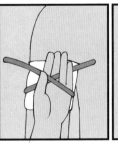 

止血带法止血

急救措施——止血

2 　包扎

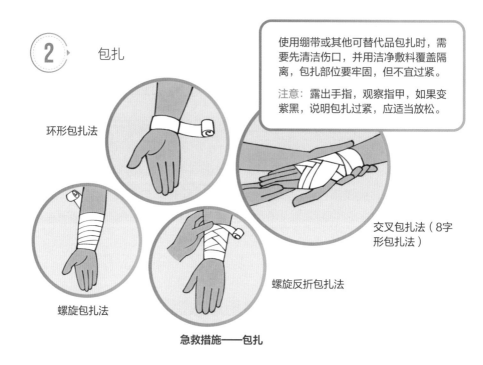

使用绷带或其他可替代品包扎时，需要先清洁伤口，并用洁净敷料覆盖隔离，包扎部位要牢固，但不宜过紧。

注意：露出手指，观察指甲，如果变紫黑，说明包扎过紧，应适当放松。

环形包扎法

交叉包扎法（8字形包扎法）

螺旋包扎法

螺旋反折包扎法

急救措施——包扎

3 　骨折固定

肋骨骨折固定

温馨提示
▷动作轻柔。
▷骨外突要用柔软物品垫好。
▷有开放性伤口的骨折要先包扎伤口，再固定。

前臂、手腕骨折固定

上臂骨折固定

急救措施——骨折固定1

大腿骨折固定

小腿骨折固定

脚踝骨折固定

急救措施——骨折固定2

伤病员搬运

**必须搬运
伤病员时**

要平稳轻柔，防止损伤加重。转运途中要密切观察伤病员的病情变化。搬运要注意方法：搭肩搬运适用于能行走、伤势较轻的伤病员；腋下拖曳适用于昏迷或不能行走且体重较重的伤病员，双手从伤病员腋下伸进，抱住伤病员往后拖；脊柱骨折损伤的要用硬担架搬运；多人搬运时，要保护好伤病员的颈部、腰部，平托受伤者的肢体，防止损伤加重。

二、施工现场常见事故应急处置

高处坠落事故预防与应急处置

详见二维码

预防措施

◎ 高处作业人员上岗前必须进行体检并应定期查体。

◎ 风力超过六级或有浓雾时，不得进行高处作业，雨天和雪天必须采取可靠的防滑、防寒和防冻措施，水、冰、霜、雪应及时清除。

◎ 加强对施工人员的自我保护教育，督促其自觉遵守施工规范。

◎ 危险地段或坑井边、陡坎处增设警示、警灯、围护栏杆，夜间增加施工照明亮度。

◎ 购买合规的"三宝"（安全帽、安全带、安全网）、围护栏杆、栅栏、架杆、扣件、梯材等并按规定安装和使用。

◎ 洞口作业、临边作业、交叉作业、攀登作业、悬空作业必须按规范使用安全帽、安全网、安全带并严格加强防护措施。

◎ 提升机具要经常维修、保养、检查，禁止超载和违章作业。

高处坠落事故处置（要点）

◎ 迅速组织人员撤离危险场地，转移至安全地带。

◎ 有效止血，包扎伤口，同时立即拨打120向当地急救中心求助，医院在附近的可视伤情直接送往医院，应详细说明事故地点、受伤情况，留下联系电话并派人到路口接应。

◎ 维持现场秩序，严密保护现场。

◎ 向公司安全事故应急指挥小组报告事故情况。

◎ 安全事故应急指挥小组接到报告后，应立即赶赴现场，了解和掌握事故情况，组织救援和维护现场秩序，保护事故现场并按规定将事故情况上报有关部门。

2　触电事故现场处置方案

详见二维码

预防措施 ---

◎ 加强劳动保护用品的使用管理和用电知识宣传教育。

◎ 建筑物或脚手架与户外高压线距离太近的，应按规定增设防护网。

◎ 在潮湿、有粉尘或有易爆炸危险气体的施工现场应使用密闭式和防爆型电气设备。

◎ 经常开展电气安全检查工作，对电线老化或绝缘能力降低的机电设备进行更换和维修。

◎ 电箱门要装锁，要保持内部线路整齐并按规定配置保险丝，严格按"一机一箱一闸一漏"配置。

◎ 根据不同的施工环境正确选择和使用安全电压。

◎ 电动机械设备要按规定接地、接零。

◎ 手持电动工具应设置漏电保护装置，正常作业情况下，采用 I 类漏电保护装置，绝缘电阻不低于2MΩ；在潮湿环境或者金属构架处等作业时，必须采用 II 、III 类漏电保护装置，绝缘电阻不低于7MΩ。

◎ 施工现场应按规范要求的高度搭建机械设备并安装相应的防雷装置（避雷针、避雷线、避雷网、避雷带）。

触电事故处置

脱离
电源

若为低压电源，可用"拉""切""挑""拽""垫"的方法。"拉"，指就近断开电源、拉出插销或瓷插保险；"切"，指用带有绝缘柄的利器切断电源线；"挑"，如果电源线搭落在触电者身上，可用干燥的木棒、竹竿等将其挑开；"拽"，指戴上绝缘手套或用干燥的绝缘物品包住手拖拽触电者，使之脱离电源；"垫"，如果触电者由于痉挛紧握导线或被导线缠住，可先将干燥的木板塞到触电者身下，使其与地绝缘来隔断电源，然后再采取其他办法把电源切断。若为高压电源，应立即电话通知供电部门拉闸断电，切不可进入带电高压

迅速关闭开关、切断电源，用绝缘物挑开或切断触电者身上的电线。

发现有电线掉落、电线杆倾斜或者倒地以及树枝刮、压电线等情况时，请勿靠近，应单脚跳离现场。

**触电——
脱离低压电源1**

导线落地点10m的范围内，以防发生跨步电压触电。及时拨打120急救电话。如果触电者神志尚清醒、未失去知觉，可让其在通风暖和的处所静卧休息并派人严密观察。如果触电者有心跳、无呼吸，应立即进行人工呼吸；若无呼吸、无心跳，应立即施行心肺复苏术；若有局部电烧伤，应进行临时消毒和包扎处理。

发现有人触电，要用绝缘物体将电源线挑开，不能贸然用手扶。

触电——脱离低压电源2

注：人工呼吸、心肺复苏须由经过相关专业训练的人员进行。

3 ▶ 机械伤害事故处置方案

详见二维码

4 ▶ 物体打击事故处置方案

详见二维码

5 ▶ 现场应急处置

01 立即停止导致物体打击事故发生的有关活动。

02 抢救受伤人员，保护事故现场。

03 迅速为有创伤性出血的伤员包扎止血，使其保持在头低脚高的卧位并注意保暖。

04 观察伤者的受伤情况、站位、伤害性质。处于休克状态的伤员，要让其在保暖的处所平卧，将下肢抬高20°左右。

05 如果伤员呼吸和心跳均停止，应立即进行心肺复苏。

06 出现颅脑外伤，应使其平卧并将面部转向一侧，以防发生喉阻塞。

07 对于骨折的伤者，应初步固定后再搬运。

08 根据伤情需要迅速联系有关医疗部门救治。

09 **注意事项**

◎ 救援者应做好自身防护，以免受伤。

◎ 在止血包扎、骨折固定、搬运伤者时注意紧急救护的安全注意事项，以免对伤者造成二次伤害。

◎ 现场人员保护好事故现场，设置警示标志。

火灾事故

预防措施

◎ 加强建筑工地消防安全教育，使工作人员具备必要的防火、灭火基本知识。

◎ 实行消防安全责任制，落实消防安全制度，制定消防安全操作规程。

◎ 建立严格的用火、用电管理制度，每日由专人排查现场安全隐患。

◎ 电工、电焊工等特殊工种作业人员应有资质证书并经常接受安全防火教育。

◎ 保持施工现场消防车道畅通，临时消防车道与建筑物和功能场所间的距离不宜小于5m、不宜大于40m，临时消防车道的宽度不宜小于4m。

◎ 加强可燃物及易燃易爆危险品管理，确保库房内的消防设施齐全好用。

◎ 做好消防设施保护工作，禁止下列行为：损坏、挪用或者擅自拆除、停用消防设施、器材，埋压、圈占、遮挡消火栓，占用防火间距，破坏防火防烟分区，占用、堵塞、封闭疏散通道、安全出口、消防车通道。

火灾事故现场应急处置

◎ 示警、报警：施工现场一旦发生火灾，通常情况下，第一发现人应立即大声呼喊向周围人示警并拨打119火警电话，同时通知公司安全事故指挥小组。

◎ 扑救、疏散：扑救火灾按照"先控制、后灭火，救人重于救火"原则，及时切断电源，疏散现场人员，隔离火灾危险源和重要物资，然后充分利用施工现场的消防设施灭火，避免火灾范围扩大。

◎ 消防队到达火灾现场后，事故应急指挥小组要简明扼要地向消防队负责人说明火灾情况，提供电气和易燃易爆物品的情况，与消防队员齐心协力，共同灭火。

◎ 发现火灾后，指挥小组应派人保护好现场、维护好现场秩序，等待对事故原因及责任人的调查。

◎ 火灾扑灭后应全面细致地检查火场，防止余火复燃，必要时安排应急分队人员监护火场，保护现场，配合消防部门调查。

◎ 将消防设施恢复到备用状态，对已使用的消防器材进行检修。

◎ 事故发生后，事故应急指挥小组分析事故原因后，对责任人给出处理意见，重新落实防范措施。

建筑施工现场
火灾演练视频
详见二维码

电气火灾灭火

切断电源的注意事项

电气火灾发生后，为保证人身安全、防止触电，应立即切断电源，把电气火灾转化成一般火灾扑救，切断电源时应注意以下几点：戴绝缘手套，穿绝缘靴，使用电压等级合格的绝缘工具；按照倒闸操作顺序进行，先停断路器（自动开关），后停隔离开关（或刀开关），严禁带负荷拉合隔离开关（或刀开关）以免造成弧光短路；带电线路的切断点应选择在电源侧支持物附近，以防止电线断落后触及人身或造成短路；切断电源时，不同相线应不在同一位置、分相切断，以免造成短路；夜间发生电气火灾，切断电源要解决临时照明问题，需要供电部门切断电源时，应迅速打电话联系，说明情况。

带电灭火的安全要求

应使用专门扑救电气火灾的灭火器（如干粉灭火器、二氧化碳灭火器）；扑救人员使用的消防器材与带电部位保持足够的安全距离（10kV不小于0.4m，35kV电源不小于0.5m。给架空线路等高空设备灭火时，人与带电体之间的仰角不应大于45°并站在线路外侧，以防导线断落造成触电。高压电气设备及线路发生接地短路时，在室内扑救的人员不得进入故障点4m以内，在室外扑救的人员不得进入故障点8m以内）；使用喷雾水枪灭火时，应穿绝缘靴、戴绝缘手套。

　其他突发事件

紧急停电事件

先确认停电范围并切断电源，切断电源时应按照倒闸操作顺序进行，先停断路器，后停隔离开关，然后组织技术人员进现场检查安全隐患。如在封闭的室内或地下施工时遇到突然停电，可能会看不清安全出口的路线，此时不要惊慌，稍等几分钟，若仍然没有恢复照明，可以大声呼喊，同时凭记忆摸索离开施工现场的路线，离开时应特别注意临边洞口。

食物中毒

如发现有人中毒，应及时拨打120急救电话，或送就近医院抢救，同时向上级报告。随后立即对可能涉及的有毒物品进行控制，等待卫生、环保、公安机关检测，再根据有毒物质程序处理有毒物品。此外还应配合有关部门调查、追踪有毒物品来源，对有毒物品可能涉及的场地进行检查，避免事故范围扩大。

中暑

1

中暑的预防

避免在高温下、通风不良处进行强体力劳动，避免穿不透气的衣服劳动，在高温下劳动时要适量饮用含盐饮料以补充水和电解质。

2

中暑的症状

先兆中暑：大量出汗、口渴、头昏、耳鸣、胸闷、心悸、恶心、体温升高、全身乏力。

轻度中暑：呕吐、头晕、口渴、面色潮红、大量出汗、四肢无力发酸、皮肤灼热、体温一般在38℃以上，还可能会出现四肢湿冷、面色苍白、血压下降、脉搏增快等症状。

重症中暑：除上述症状外，出现昏倒痉挛、皮肤干燥无汗、体温40℃以上等症状。

发现有人中暑要将其移动到阴凉位置并给其多喝水。

急救措施——中暑

3

中暑的急救

◆ **脱离现场**：将中暑者转移到阴凉通风的环境，并解开其衣物，保持周围空气流通。

◆ **补充水分**：适当饮水或者含盐饮料来补充身体失去的电解质以及水分，防止体内电解质紊乱。

◆ **物理降温**：用毛巾擦拭皮肤，尤其是腋窝、腹股沟等血管丰富的部位，通过反复擦浴帮助散热。也可以使用风扇吹风，加速体表水分蒸发，从而达到降温效果。

◆ **送医抢救**：必要时须及时送医抢救。

电梯故障

◇ 电梯骤降

电梯突然下坠时，如果周围有扶手，一定要抓紧，保持自身重心平稳，避免因冲撞而摔倒受伤。如果电梯内还有剩余空间，迅速将双手撑开贴住电梯墙面，背部和头部紧贴电梯内墙，膝盖弯曲，脚跟踮起。不要在下坠的过程中去逐个按楼层键或者试图掰开电梯门。

◇ 电梯意外急停

电梯轿厢不是密闭空间，不会窒息，如遇意外急停不要在轿厢中大喊大叫或乱蹦；电梯内手机信号较弱时，可以尝试发短信求救；不要试图撬开电梯门或者电梯天花板；如果担心周围没人发现，可以尝试用鞋拍打电梯门或者使用钥匙或者其他金属物体制造尖锐的敲打声。

寒潮

在寒冷环境下，人的听觉、视力、行动能力和情绪都可能受到影响，作业人员易皮肤皲裂、患冻疮，会反应迟钝、动作不灵活等。遇到雨雪、霜冻天气，人员在脚手架、梯子等物体上更容易滑倒、摔伤，甚至引发高处坠落事故。

1 落实应急抢险队伍和物资，安排人员全天应急值班；加强班前安全提示，强化冬季安全知识培训（防冻、防滑、防摔教育）；户外作业人员穿戴齐全相应鞋帽、口罩、手套等保暖装备；适当调整作息时间，尽量减少低温环境下的工作时间，避免疲劳作业。

2 各单位班组提前完善检查管道、储罐等室外设施的防冻保温措施。对水箱外管，楼宇管道、阀门，楼内立管、阀门，水泵房，屋顶水箱的外露管道、屋顶敷设的管道和阀门用棉麻织物或保暖材质包扎；当室外气温低于零下3℃时，施工结束后应关闭走廊和室内（若有）门窗，保持室内温暖；关闭室内外供水阀门，打开水龙头放尽余水；禁止使用明火为设备、管线解冻。

3 组织人员尽快清理施工场地，防止车辆及物资侧滑伤人。使用脚手架、梯子等作业时，要落实架子底面和鞋底的防滑措施。

三、事故上报

事故发生后，事故现场有关人员应当立即向本单位负责人报告；单位负责人接到报告后，应当于1小时内向事故发生地县级以上人民政府安全生产监督管理部门和负有安全生产监督管理职责的有关部门报告。情况紧急时，事故现场有关人员可以直接向事故发生地县级以上人民政府安全生产监督管理部门和负有安全生产监督管理职责的有关部门报告。报告事故应当包括以下内容：

1　事故发生单位概况。

2　事故发生的时间、地点以及事故现场情况。

3　事故的简要经过。

4　事故已经造成或者可能造成的伤亡人数（包括下落不明的人数）和初步估计的直接经济损失。

5　已经采取的措施。

6　其他应当报告的情况。

进行事故报告后出现新情况时应当及时补报。自事故发生之日起30日内，造成的伤亡人数发生变化时应当及时补报。道路交通事故、火灾事故自发生之日起7日内，造成的伤亡人数发生变化时应当及时补报。

综合练习题

▎判断题

1. 单位负责人为应急救援领导小组的组长。

2. 事故发生后，事故现场有关人员应当立即向本单位负责人报告。

3. 高处作业的人员上岗前必须进行体检，并定期检查。

4. 触电急救的第一步是使触电者迅速脱离电源，第二步是现场救护。

5. 施工现场一旦发生火灾，第一发现人应立即大声呼喊，向周围人示警。

▎问答题

1. 建筑工程中的"三宝"是什么？

2. 应急预案的主要内容是什么？

3. 带电灭火的安全要求是什么？

4. 发生电气火灾后，切断电源的注意事项有哪些？

5. 台风、雨季施工的主要防范措施有哪些？

6. 台风前紧急落实的防台风工作主要有哪些？

▎填空题

1. 脱离低压电源的方法可用（　　　）五字来概括。

2. 手提式灭火器的使用要诀是（　　　　　）。

参考答案

判断题

1. √
2. √
3. √
4. √
5. √

问答题

1. 安全帽、安全带、安全网。

2. 综合应急预案的主要内容有：项目危险性分析（有哪些危险源）、应急组织机构与职责（人员配置和联系方式）、应急物资装备、培训方案、演练方案等。专项应急预案的主要内容有：各主要安全事故的预防措施和应急处置方案，如高处坠落、触电、机械伤害、物体打击、火灾等。

3. 应使用能扑救电气火灾的灭火器（如干粉灭火器、二氧化碳灭火器），扑救人员所使用的消防器材与带电部位保持安全距离。

4. 电气火灾发生后，为保证人身安全、防止触电，应立即切断电源，把电气火灾转化成一般火灾扑救，切断电源时应注意以下几点：戴绝缘手套，穿绝缘靴，使用电压等级合格的绝缘工具；按照倒闸操作顺序进行，先停断路器（自动开关），后停隔离开关（或刀开关），严禁带负荷拉合隔离开关（或刀开关）以免造成弧光短路；带电线路的切断点应选择在电源侧支持物附近，以防止电线断落后触及人身或造成短路；切断电源时，不同相线应不在同一位置、分相切断，以免造成短路；夜间发生电气火灾，切断电源要解决临时照明问题，需要供电部门切断电源时，应迅速打电话联系，说明情况。

5. （1）雨季应加强施工现场的检查工作，包括办公室、宿舍、围墙等的加固，水泥桶、高压变压器等的防护，重点关注深基坑、塔吊、人货电梯、井架式物料提升机、脚手架、高耸大型桩机等的安全稳定。

（2）每4小时预报一次台风的风力和雨量情况。

（3）对可能造成人身伤亡的危险区

域制定相应的人员安全转移方案。

6.（1）为防止台风对施工场所活动房造成损坏，可预先采取钢管压顶、钢丝绳斜撑等加固措施。

（2）加固所有配电箱，关闭电源总开关，以防止漏电。

（3）如遇6级以上大风或雷雨等恶劣天气应停止作业，当风力超过7级或有强热带风暴时，应将外脚手架及临边的材料清除，现场堆放的材料应采取覆盖、加固措施。

（4）对临建设施、机电设备、电源线路等进行检查、加固，有严重险情的应立即排除。

（5）做好施工现场排水工作，合理布置排水沟和集水坑。

填空题

1. "拉""切""挑""拽""垫"
2. 提、拔、握、压

参考文献

[1] 中华人民共和国住房和城乡建设部. 建筑施工安全检查标准: JGJ 59—2011 [S]. 北京: 中国建筑工业出版社, 2012.

[2] 中华人民共和国住房和城乡建设部. 施工企业安全生产评价标准: JGJ/T 77—2010 [S]. 北京: 中国建筑工业出版社, 2010.

[3] 中华人民共和国住房和城乡建设部. 建设工程施工现场环境与卫生标准: JGJ 146—2013 [S]. 北京: 中国建筑工业出版社, 2014.

[4] 中华人民共和国住房和城乡建设部. 施工现场临时建筑物技术规范: JGJ/T 188—2009 [S]. 北京: 中国建筑工业出版社, 2010.

[5] 中华人民共和国住房和城乡建设部. 建筑施工高处作业安全技术规范: JGJ 80—2016 [S]. 北京: 中国建筑工业出版社, 2016.

[6] 中华人民共和国建设部. 施工现场临时用电安全技术规范: JGJ 46—2005 [S]. 北京: 中国建筑工业出版社, 2005.

[7] 中华人民共和国住房和城乡建设部. 建筑基坑支护技术规程: JGJ 120—2012 [S]. 北京: 中国建筑工业出版社, 2012.

[8] 中华人民共和国住房和城乡建设部, 国家市场监督管理总局. 建筑基坑工程监测技术标准: GB 50497—2019 [S]. 北京: 中国计划出版社, 2020.

[9] 中华人民共和国住房和城乡建设部, 中华人民共和国国家质量监督检验检疫总局. 建筑边坡工程技术规范: GB 50330—2013 [S]. 北京: 中国建筑工业出版社, 2014.

[10] 中华人民共和国住房和城乡建设部, 中华人民共和国国家质量监督检验检疫总局. 岩土锚杆与喷射混凝土支护工程技术规范: GB 50086—2015 [S]. 北京: 中国计划出版社, 2015.

[11] 中华人民共和国住房和城乡建设部. 建筑桩基技术规范: JGJ 94—2008 [S]. 北京: 中国建筑工业出版社, 2008.

[12] 中华人民共和国住房和城乡建设部. 建筑施工扣件式钢管脚手架安全技术规范: JGJ 130—2011 [S]. 北京: 中国建筑工业出版社, 2011.

[13] 中华人民共和国住房和城乡建设部. 建筑施工碗扣式钢管脚手架安全技术规范: JGJ 166—2016 [S]. 北京: 中国建筑工业出版社, 2017.

[14] 中华人民共和国住房和城乡建设部. 建筑施工门式钢管脚手架安全技术标准: JGJ/T 128—2019 [S]. 北京: 中国建筑工业出版社, 2019.

[15] 中华人民共和国住房和城乡建设部. 建筑施工工具式脚手架安全技术规范: JGJ 202—2010 [S]. 北京: 中国建筑工业出版社, 2010.

[16] 中华人民共和国国家质量监督检验检疫总局, 中国国家标准化管理委员会. 高处作业吊篮: GB/T 19155—2017 [S]. 北京: 中国标准出版社, 2017.

[17] 中华人民共和国住房和城乡建设部. 建筑

施工模板安全技术规范：JGJ 162—2008 [S]. 北京：中国建筑工业出版社，2008.

[18] 中华人民共和国住房和城乡建设部. 建筑机械使用安全技术规程：JGJ 33—2012 [S]. 北京：中国建筑工业出版社，2012.

[19] 中华人民共和国住房和城乡建设部. 钢管满堂支架预压技术规程：JGJ/T 194—2009 [S]. 北京：中国建筑工业出版社，2010.

[20] 中华人民共和国国家质量监督检验检疫总局，中国国家标准化管理委员会. 塔式起重机安全规程：GB 5144—2006 [S]. 北京：中国标准出版社，2007.

[21] 中华人民共和国住房和城乡建设部. 建筑拆除工程安全技术规范：JGJ 147—2016 [S]. 北京：中国建筑工业出版社，2017.

[22] 中华人民共和国住房和城乡建设部. 施工现场机械设备检查技术规范：JGJ 160—2016 [S]. 北京：中国建筑工业出版社，2017.

[23] 中华人民共和国住房和城乡建设部. 塔式起重机混凝土基础工程技术标准：JGJ/T 187—2019 [S]. 北京：中国建筑工业出版社，2019.

[24] 中华人民共和国住房和城乡建设部. 建筑施工塔式起重机安装、使用、拆卸安全技术规程：JGJ 196—2010 [S]. 北京：中国建筑工业出版社，2010.

[25] 中华人民共和国住房和城乡建设部，中华人民共和国国家质量监督检验检疫总局. 起重设备安装工程施工及验收规范：GB 50278—2010 [S]. 北京：中国计划出版社，2010.

[26] 中华人民共和国住房和城乡建设部. 建筑起重机械安全评估技术规程：JGJ/T 189—2009 [S]. 北京：中国建筑工业出版社，2010.

[27] 中华人民共和国国家质量监督检验检疫总局，中国国家标准化管理委员会. 吊笼有垂直导向的人货两用施工升降机：GB 26557—2011 [S]. 北京：中国标准出版社，2011.

[28] 中华人民共和国住房和城乡建设部，中华人民共和国国家质量监督检验检疫总局. 建设工程施工现场消防安全技术规范：GB 50720—2011 [S]. 北京：中国计划出版社，2011.

[29] 中华人民共和国住房和城乡建设部，中华人民共和国国家质量监督检验检疫总局. 施工企业安全生产管理规范：GB 50656—2011 [S]. 北京：中国计划出版社，2012.

[30] 中华人民共和国住房和城乡建设部，中华人民共和国国家质量监督检验检疫总局. 工程结构加固材料安全性鉴定技术规范：GB 50728—2011 [S]. 北京：中国建筑工业出版社，2012.

[31] 中华人民共和国住房和城乡建设部，中华人民共和国国家质量监督检验检疫总局. 建筑施工安全技术统一规范：GB 50870—2013 [S]. 北京：中国计划出版社，2014.

[32] 中华人民共和国住房和城乡建设部，中华人民共和国国家质量监督检验检疫总局. 建设工程施工现场供用电安全规范：GB 50194—2014 [S]. 北京：中国计划出版社，2014.

后记

　　本书是继《城市应急安全通识》《中小学生安全教育科普百问》《大学生安全教育科普百问》《危化品行业安全职业教育科普读本（管理人员篇）》《危化品行业安全职业教育科普读本（操作人员篇）》后，我写的第六本科普书。编写过程中，在上海市住房和城乡建设管理委员会、应急管理部上海消防研究所、同济大学城市风险管理研究院的指导下，得到了上海市住房和城乡建设管理委员会副巡视员陆锦标、应急保障处副处长彭高明、质量安全处副处长陈江，上海市安装工程集团有限公司安全总监董洪滨老师和高级工程师、注册安全工程师张惠兴，应急管理部上海消防研究所信息室主任朱江、王荷兰老师、秦文岸老师、吴疆老师，上海市安装行业协会秘书长刘建伟、培训部主任周勤，上海市安装人才培训中心朱佳怡老师，上海万一安全科技有限公司总经理陈峰，上海应急消防工程设备行业协会李红、蒋晓艳等的大力支持和帮助。本书从2019年底筹备计划编写，得到了众多老师理念上的认同。在初稿完成后，我们边学习边收集资料，编写过程中具有教学实践工作经验且专业知识扎实的张惠兴老师、王荷兰老师、秦文岸老师一丝不苟、逐字逐图打磨，利用业余时间给予支持和帮助。2020年3月初稿经反复修改和核对，2021年8月在开展问卷调查时，得到上海市住房和城乡建设管理委员会副巡视员陆锦标、应急保障处副处长彭高明，上海市安装工程集团有限公司董洪滨老师的指导性建议，对施工现场一线工人进行全面的问卷调查。据统计，有30%～50%的人发现施工人员有违规操作和不安全行为，37.5%的人认为出现违反规定的不安全行为的主要原因是"为了方便省事"和"不重视安全"。90%的人认为安全教育主要途径是专题培训和日常教育、画报书刊和网络自学。受访者认为施工现场开展学习安全教育效果很好，85%的人认为实操演练活动效果好。74%的人认为造成施工现场安全隐患的主要原因是"作业人员违规操作"。39%的人认为"安全隐患排查整改不到位"。目前，有的施工现场安全教育流于形式，内容不实用，实操知识少。受访者提出了增加工地仓库安全管理和减少个人违反安全生产规章的有关建议：提倡个人自觉地边工作边学习安全知识，强化安全意识很重要；加强企业内部管理的同时，要有奖励制度，奖罚分明；工地现场安全教育交底很重要，安全工作要天天讲、时时记。在此，对以上指导与支持、帮助过我的领导、专家、学者和工作人员一并表示衷心感谢。

希望本书能为全面落实新《中华人民共和国职业教育法》，坚持总体国家安全观，按照人才是基础、教育是根本的高质量发展要求，转变社会上重学校教育、轻职业教育培训的观念，全面提升建筑施工生产一线从业人员的综合素质和能力，培育一批新时代的工匠，推动安全生产形势持续稳定好转，推动自身安全和共同安全协调发展，为经济社会发展、营造稳定良好环境提供支撑。

在各位领导和专家学者的指导和帮助下，历经3年多时间和数次修改、补充、打磨，本书于2022年底初步完稿。由于我没有经过专科学校系统学习，安全理论知识有限，又缺乏写作专业水平，因此只有边写边学，边思考边讨教，用了比人家加倍的时间思考打磨、仔细核对。为了让读者感兴趣，以不需要死记硬背的方式省时省力地尽快掌握相关科普知识，本书尝试把安全科普知识与图片、视频相结合，并在每个章节后附有综合练习题，还附加二维码辅助阅读。

我从事施工企业经营管理30多年，虽然没有专业、系统的安全知识理论功底，但是我对安全工作的重要性有一定的认识，于是将自己在基层管理和施工现场工作中的所学、所思、所感融入了书中。我将竭尽所能做一名安全知识科普推广者、安全生产治理守护者，为建筑施工行业培养一批新时代工匠贡献一份微薄力量，做一点有意义、有价值的事，这也是我平凡人生的情怀所在。由于本人专业理论知识水平有限，如有不当之处，敬请读者批评指正。

杜桂潭

2023年2月